Claudia und
Udo Schwarzer

Schwimmteiche

Titelfoto:
Nicht nur Kindern bringt ein Schwimmteich viel Freude.

Claudia und Udo Schwarzer

Schwimmteiche

planen, anlegen, richtig bepflanzen

86 Farbfotos
10 Zeichnungen
20 Tabellen

Die in diesem Buch enthaltenen Empfehlungen und Angaben sind vom Autor mit größter Sorgfalt zusammengestellt und geprüft worden. Eine Garantie für die Richtigkeit der Angaben kann aber nicht gegeben werden. Autor und Verlag übernehmen keinerlei Haftung für Schäden und Unfälle.

Bibliografische Information der Deutschen Nationalbibliothek
Die Deutsche Nationalbibliothek verzeichnet diese Publikation in der Deutschen Nationalbibliografie; detaillierte bibliografische Daten sind im Internet über http://dnb.d-nb.de abrufbar.

Wollgrasweg 41, 70599 Stuttgart (Hohenheim)
E-Mail: info@ulmer.de
Internet: www.ulmer.de
Umschlaggestaltung: Atelier Reichert, Stuttgart
Lektorat: Dr. Angelika Eckhard
Herstellung: Thomas Eisele
Satz: Duotone Medienproduktion, München
Reproduktion: BRK Repro, Stuttgart
Druck und Bindung: Firmengruppe APPL, aprinta Druck, Wemding
Printed in Germany

ISBN 978-3-8001-5345-9

Inhaltsverzeichnis

Vorwort

Das Abstreifen der Kleider nach einem langen Arbeitstag und das Eintauchen in pure Natur, das ist Schwimmteich und das ist ohne Zweifel ein Phänomen, das weit über die Bereiche Baden und Gartenbau hinausgeht. Schwimmteich, das ist das Zurück in die Natur des 21. Jahrhunderts.

Das Auge in Auge mit dem Frosch auf dem Seerosenblatt, das Klirren der ersten Eissplitter auf dem zugefrorenen Wasser und das Entdecken des ersten Molches im Frühjahr. Nicht vergessen wollen wir den Reiher, der plötzlich am Ufer stand, in unserem Garten! Die Riesenüberraschung des blaufunkelnden Eisvogels, der eines Tages auf dem Holm der Einstiegsleiter saß. Das Lachen der Kinder, die Spritzer auf der Terrasse und das stille im Wasser Baumeln von Körper und Seele.

In einem Bach oder Fluss fließt das Wasser ständig in einer gerichteten Bewegung. Es kommt aus der einen und geht in die andere Richtung, ohne dass es jemals umkehrte oder anhielte. Nur Wasserstand und Strömungsgeschwindigkeit können schwanken. Im Tümpel oder See dagegen gibt es nur die vom Wind und Temperaturschichtungen verursachten Wasserbewegungen.

So ist uns die Natur Vorbild für zwei recht unterschiedliche Typen von Schwimmteichen.

Schwimmteiche mit kräftigen Pumpen und zwangsdurchströmten Filterkörpern ähneln in ihren biologischen Abläufen Fließgewässern. Standgewässer sind das Vorbild von Schwimmteichen mit wenig oder gar keiner Technik.

Badeanlagen, die in ihren inneren Abläufen nicht auf eines dieser beiden Vorbilder in der Natur zurückzuführen sind, können nicht als Schwimmteiche bezeichnet werden, da sie nach dieser Definition Komponenten enthalten müssen, die uns veranlassen, sie der Kategorie Swimmingpool zuzuordnen. Die Natur kennt keine Ultraschallanlagen und keine UV-Bestrahlung im Wasserkreislauf.

Wenn in diesem Sinne die Natur unser Vorbild ist, sind wir neugierig, die ihr innewohnenden Prinzipien zu verstehen und versuchen, sie bestmöglich auf unser Schwimmteichgewässer zu übertragen.

Das Buch stellt neben all dem zu vermittelnden Fachwissen eines in den Mittelpunkt: das Lebensgefühl Schwimmteich und die Passion dafür. Einmal Schwimmteich – immer Schwimmteich, das gilt sowohl für Besitzer als auch für Planer und Fachleute in den Gartenbaubetrieben, welche die Projekte ausführen. Von Natur kann man nicht genug bekommen und das Badebiotop im eigenen Garten ist so ein Stück Natur, das reinste Freude bringt.

Das Eintauchen in diese Seiten soll für möglichst viele Leser der Anfang einer Beschäftigung mit dem Thema „Schwimmteich" sein, an dessen Ende das erste Eintauchen in den eigenen Schwimmteich steht.

Aljezur, Portugal, im Frühjahr 2008 — Claudia & Udo Schwarzer

Teil 1
Schwimmteiche in der Gestaltung von Hausgärten

Was sind Schwimmteiche?

Ein Schwimmteich ist ein Gartenteich, in dem man baden gehen kann, ohne dabei die eigene Gesundheit zu gefährden. In diesem Satz ist das zusammengefasst, was die Pioniere der Schwimmteichbewegung in Deutschland und Österreich Anfang der achtziger Jahre des vorigen Jahrhunderts bezweckten: dem Biotop im Garten eine weitere Dimension hinzuzufügen – das Baden.

Das Neue war der unmittelbare Kontakt mit dem Lebensraum Wasser und seinen Bewohnern, das Schwimmen Auge in Auge mit dem Frosch, das Duften an der Seerosenblüte.

In vielen Schwimmteichen unserer Tage – und auch in den Teichen der Pioniere, denn die gibt es nach bald dreißig Jahren immer noch – ist das Naturerleben nach wie vor möglich. Breite Pflanzenzonen umschließen den Badebereich, Stege ragen in diesen hinein und flache Einstiege ermöglichen auch den Kindern die direkte Begegnung mit der Natur.

Doch es geht auch anders. Einige Anbieter von Badeteichanlagen haben die mineralische Filtration und das Pumpen derart perfektioniert, dass um den Preis der kompletten Separierung von Bade- und Reinigungsteil ein Swimmingpool ohne chemische Reinigung entstanden ist. Zwar muss vielerorts das Wasser des Badebeckens einmal im Jahr vollständig abgelassen und die Anlage einer Komplettreinigung unterzogen werden, doch solange keine Vorrichtung eingesetzt wird, die es zum Ziel hat, Lebewesen abzutöten (beispielsweise UV-Bestrahlung), ist eine solche Konstruktion ebenfalls ein Schwimmteich.

Wer sich mit Pflanzen beschäftigt, wird mit großer Wahrscheinlichkeit den „klassischen Schwimmteich“, den Gartenteich mit Badeteil, bevorzugen. Denn mit den Pflanzen kommt die Vielfalt und mit ihr die Schönheit.

Leistungsfähigkeit von Schwimmteichen

Es gibt fast so viele Schwimmteichkonzepte wie es Schwimmteiche gibt, denn jedes Kleingewässer wird bestimmt vom Klima, von der Qualität des verwendeten Wassers und weiteren Faktoren, die von außen einwirken, und ganz besonders natürlich von Flora und Fauna im Wasser. Nicht zuletzt haben auch die Badegäste einen nicht unerheblichen Einfluss auf das System.

Gemeinsam ist allen Schwimmteichen, dass sie eine Abdichtung gegen den Untergrund (in der Regel mittels einer Folie) besitzen und Bade- und Reinigungsteil voneinander abgetrennt sind. Wie diese Abtrennung genau aussieht, unterliegt der Kreativität der Teichgestalter.

Schwimmteiche gibt es heute in allen Größen. Sei es als Tauchbecken oder als Schwimmteichanlage für Hunderte von Badegästen pro Tag. Es gibt sogar die ersten Indoor-Anlagen, also Schwimmteiche unter Glas, Speziallösungen für Mineralwasserbäder und sogar Kit-Lösungen vom Baumarkt für den schmalen Geldbeutel.

Mittlerweile gibt es in Deutschland über 80 öffentliche Schwimmteichanlagen, die vielerorts in die Jahre gekommene und deswegen marode Chlorbäder ersetzen. In Österreich existieren rund 20, in Frankreich gibt es eine und in der Schweiz zwei derartige Großanlagen. Sie alle werden mindestens vier-

Baden unterm Watzmann: Der öffentliche Schwimmteich Bischofswiesen im Berchtesgadener Land wurde im Jahr 2003 eröffnet (System: Swimmingteich, Ausführung: Fa. Fuchs baut Gärten).

zehntägig beprobt, zusätzlich laufen mehrere Untersuchungsprojekte auf Universitäts- und Verbandsebene. Da Schwimmteiche also im großen Maßstab funktionieren, darf man erwarten, dass dies auch für Hausanlagen gilt.

Die Leistungsfähigkeit vieler Schwimmteichsysteme ist inzwischen durch Studien, vor allem auf den Gebieten der Wasserhygiene und der Filterhydraulik, belegt. Parallel dazu sind viele Schwimmteiche auch von Hausbesitzern im Eigenbau erstellt worden. Leider geschah dies nicht immer mit dem gewünschten Erfolg, was der steigende Anteil von Sanierungsfällen in den Auftragsbüchern der Profis belegt. In manchen Fachbetrieben übersteigt die Zahl der Sanierungsfälle pro Jahr bereits die Zahl der Neubauten.

Ein Grund für einen interessierten Hausbesitzer vielleicht vom Plan eines Schwimmteichbaus doch wieder Abstand zu nehmen? Oder sich für den vermeintlich sicheren, konventionellen Pool zu entscheiden?

Wir meinen: Auf keinen Fall! Der Bau eines Schwimmteiches, egal ob mit oder ohne professionelle Hilfe, ist eines der größten Gartenwunder, die es im Hausgartenbereich gibt. Von der Vorplanung mit der ganzen Familie, über den ersten Spatenstich, das „Wasser, marsch!“ bis hin zu den vielen Genießerstunden am eigenen Badegewässer ... immer wieder erfährt man Neues, Faszinierendes, das eigene Leben auf eine wunderbare Art Bereicherndes. Machen wir uns also ans Werk!

Vergleich mit konventionellen Anlagen

So groß die Vielfalt der Schwimmteichtypen auch sein mag, gegenüber dem klassischen Swimmingpool gibt es eine, allen Lösungen gemeinsame Grenze. Es werden keine Einrichtungen oder Stoffe eingesetzt, die Leben gezielt abtöten. So sind UV-Lampen und Ultraschallanlagen in der Schwimmteichbranche verpönt, dennoch gibt es einige professionelle „Schwimmteichanbieter“, die glauben, auf derartige Anleihen aus der konventionellen Swimmingpooltechnik nicht verzichten zu können.

Ein naturnahes Badevergnügen bietet dieser Schwimmteich einer Ferienpension. Durch die Beckengestaltung des Badeteils ist jedem Besucher gleich klar, wo gebadet werden kann.

Rahmendaten

Baujahr: 2002
Größe: 400 m²
Badeteil: 200 m²
Reinigungsteil: 200 m²
Tiefe: 1,50 bis 2,00 m
Technik: Solarpumpe, Quellbecken
Ufergestaltung: Beckenufer im Badeteil, sonst Kiesufer mit großen Steinen
Bauliche Besonderheiten: Abtrennung mit folienüberzogenem Erdwall
Planung: Bio Piscinas, Lda

Den Gartenbesitzer, der sein Heim mit einer Bademöglichkeit bereichern möchte, interessiert vor allem der finanzielle Vergleich. Zunächst hier nur soviel: Selbst wenn bei den Anschaffungskosten Schwimmteich und konventioneller Pool etwa auf denselben Betrag hinauslaufen, einen wesentlichen Unterschied gibt es – der Schwimmteich ist in den Unterhaltskosten um ein Vielfaches preisgünstiger als ein Swimmingpool.

Betrachtet man zudem die Umweltbilanz beider Bademöglichkeiten, stellt man fest, dass der Schwimmteich gegenüber dem Swimmingpool erheblich besser abschneidet. Nachfolgend sind die Vorteile von Schwimmteichen aufgelistet:

- Kein Einsatz umweltgefährdender Stoffe.
- Schaffung von Lebensraum für Tiere und Pflanzen.
- Vergleichsweise geringer Energieeinsatz.
- Perfekte Einbindung in die Gartenlandschaft.
- Keine potentiell gesundheitsgefährdende Wasserqualität.
- Potentiell kinderfreundlicher wegen flacher Ufer.
- Naturbeobachtung.

Angesichts der erdrückenden Zahl positiver Argumente für den Schwimmteich und gegen den herkömmlichen Swimmingpool erscheint die weltweit seit rund hundert Jahren verbreitete Technik gechlorter Beckenbäder wie ein schwer nachzuvollziehender Irrweg der Geschichte vom Baden in natürlichen Gewässern wie Flüssen und Seen zum Baden in Schwimmteichen.

Man fragt sich, warum ist die Idee der Schwimmteiche eigentlich erst als Weiterentwicklung des Gartenteiches entstanden? Warum wurde der Umweg über gechlortes Wasser gemacht?

Die Antwort auf diese Fragen ist eine zweifache: Zum einen sind im Laufe der Gartenteich-Mode zum Ende der siebziger und im Laufe der achtziger Jahre des vorigen Jahrhunderts wichtige Materialien auf den Markt gekommen und wertvolle praktische Erfahrungen mit dem Bau künstlicher Kleinbiotope gemacht worden. Zum anderen hat ein, vor allem nach dem Zweiten Weltkrieg, aus den Vereinigten Staaten gewissermaßen importierter Hygienebegriff dafür gesorgt, dass nur die hundertprozentige Vernichtung allen Lebens im Wasser durch Chlorgasprodukte als einzig akzeptierter Standard für Badegewässer existierte.

Es ist aber nicht so, dass es keine Alternativen gab. Ältere Menschen werden sich sicher noch an sogenannte Bach-Schwimmbäder erinnern. Das waren Beckenbäder, die von einem Bach gespeist wurden. Das zuströmende Wasser war ebenso sauber und kalt wie das Bachwasser. Im Laufe der sechziger Jahre führte die Intensivierung der Landwirtschaft durch den Einsatz von Kunstdüngern und die Verwendung phosphathaltiger Waschmittel zur Verschmutzung der Bäche. Als ein weiteres Resultat des sogenannten Wirtschaftswunders stiegen die Ansprüche der Menschen an die Wassertemperaturen. So entstanden die ersten Hallenbäder, in denen sogar „Warmbadetage" angeboten wurden.

Heute kann man beobachten, dass einstige Bach-Schwimmbäder, vor Jahrzehnten in konventionelle Chlor-Badeanstalten umgewandelt, zu sogenannten „Naturbädern", also öffentlichen Schwimmteichen, rückgebaut werden. Dabei geht es vielerorts mit Hightech wieder „zurück zur Natur". Kaum einer fragt sich, warum sind wir damals eigentlich von ihr weg? Was war denn so schmutzig an Mutter Natur, dass wir alles mit Chlorgas reinigen mussten?

Vor- und Nachteile von Schwimmteichen

- *Schwimmteiche seien nicht sicher, weil es keine Klarwassergarantie gäbe.*
- *Schwimmteiche bräuchten mehr Platz als Swimmingpools.*
- *Die Folienbauweise sei ein Risiko für die Langlebigkeit der Anlage.*
- *Mehr Algen als Badespaß.*
- *Größte Mückenzuchtstation im ganzen Viertel ...*

Es sind noch viele negative Schlagzeilen über Schwimmteiche vorstellbar, die alle eines gemeinsam haben: Vorurteile, die nicht zutreffen, aber auf Ängsten aufbauen und so nur mit einiger Mühe ausgeräumt werden können. Die Autoren dieses Buches wollen sich diese Mühe gern machen.

Lange Zeit galt das Argument, dass Schwimmteiche einen größeren Flächenbedarf hätten als konventionelle Bäder. Heute, vor allem durch Hightech-Entwicklungen im Filterbereich, trifft das so pauschal nicht mehr zu. Auch ist die Pionierzeit im Schwimmteichbau vorbei. Fachbetriebe wissen, was sie tun und was zu tun ist, wenn einmal Probleme auftreten sollten. Es gibt inzwischen Anlagen, die seit über 25 Jahren sauberes Badewasser bieten. Das schaffen viele herkömmliche Pools nicht. Also auch die Frage der Nachhaltigkeit des Konzeptes ist beantwortet.

Auch sehr große Schwimmteiche, wie diese Wasserfläche von 750 m², sind für erfahrene Planer und Landschaftsbauer kein Problem.

Rahmendaten

Baujahr: 2005
Größe: 750 m²
Badeteil: 400 m²
Reinigungsteil: 350 m²
Tiefe: bis zu 2,50 m
Technik: keine
Ufergestaltung: Strandeingang, Sandufer
Planung: Bio Piscinas, Lda

Moderne Teichfolien sind langlebiger als Beton und haben dies in vielen Fällen mit Standzeiten von 30 Jahren in der Praxis bewiesen. Wenn Schwimmteiche richtig konzipiert und gepflegt werden, bestimmen Wasserpflanzen und nicht Algen das Bild. Und im so stets klaren Wasser sind Stechmücken kein Thema, da sich ihre Larven darin gar nicht ernähren können.

Dass man dennoch immer wieder eher von Problemen mit Schwimmteichen als mit Swimmingpools hört, hat auch seinen Grund in der Entstehungsgeschichte des Konzeptes Schwimmteich. Mit ein paar Tipps vom Folien-Verkäufer im Gartencenter, einem bunt bebilderten Ratgeber in der einen und der Schaufel in der anderen Hand, so entstand ein erster Gartenteich. Mit den Jahren wurde die Anlage immer wieder erweitert und heute soll nun auch noch ein Badeteil hinzugefügt werden, der Gartenteich soll zum Badebiotop mutieren. Dass derartiges auch mal schiefgehen kann, ist dem Profi klar.

Worauf der Laie bei der Zusammenarbeit mit einem Fachmann achten sollte und was der Profi vielleicht noch nicht bedacht hat, soll Thema dieses Buches sein.

Schwimmteiche als Gestaltungselemente in Hausgärten

Quellen und Brunnen haben historisch schon immer eine große Rolle gespielt, denn Siedlungsplätze sind seit jeher nach dem Wasserangebot ausgewählt

worden. Heutzutage ist dies in Vergessenheit geraten, denn für die meisten von uns kommt das Wasser zum Trinken oder Waschen aus der Leitung, geliefert von den örtlichen Stadtwerken.

Umso faszinierender ist das Wasser für uns in der freien Natur. Es bestimmt das Landschaftsbild durch Farbe, Bewegung und Geräusche und es macht Gerüche zum Erlebnis – es ist diese Lebendigkeit des Wassers, die uns in ihren Bann zieht und den Wunsch hervorruft, Wasser in unserer Nähe, in unserem Garten zu haben.

Schon vergangene Kulturen setzten das Element Wasser im Garten ein. So ist die „piscina“ der Römer, ein gemauertes Fischbecken im Innenhof oder Garten am Haus, rein zum Anschauen gedacht, als ein Vorgänger der Zierteiche anzusehen. Maurische Kulturen brachten andere Ideen von Wasser im Garten nach Südeuropa. Das Wasser musste fließen und sprudeln, galt es doch als Symbol für Leben und Wachstum. Lang gestreckte Becken und Kanäle aus gebrannten Ziegeln lassen noch heute erkennen, dass hier ein Erbauer am Werk gewesen ist, der keine Mühen scheute, das Wasser von weither heranzuleiten. In den Höfen wurden aber auch kleine Bassins erbaut, die in der Hitze des Sommers für Abkühlung der Luft sorgten.

In Mitteleuropa entdeckte man erst im Mittelalter, dass Wasser neben seiner praktischen Bedeutung auch einen großen Erholungswert besitzt. So entstand mit der Zeit um Brunnen oder Quellen, die der Wasserversorgung dienten, ein in der Regel symmetrisch angelegter Garten.

Wasseranlagen in privaten Gärten beschränkten sich bis in die siebziger Jahre des letzten Jahrhunderts weitgehend auf formale bis geometrische For-

Das Wasser des Schwimmteiches bestimmt den Eingangsbereich dieses Hauses mit seinen je nach Tageszeit wechselnden Farben.

Rahmendaten

Baujahr: 2006
Größe: 150 m^2
Badeteil: 50 m^2
Reinigungsteil: 100 m^2
Tiefe: 2,20 m
Technik: Solarpumpe, Skimmer und Pflanzenfilter
Ufergestaltung: Sandufer
Planung: Bio Piscinas, Lda

men, als klassischer Springbrunnen, architektonisches Wasserbecken oder Goldfischteich in Nierenform. Frei geformte Wasseranlagen, wie man sie aus den englischen Landschaftsgärten kennt, waren abhängig von ihrer geografischen Lage, die es gestattete, dass das hoch anstehende Grundwasser in eine Hohlform eindrang oder einen Bach, der aufgestaut werden konnte. Erst mit der Möglichkeit, Teichdichtungen aus Kunststoff einzusetzen, wurde auch die Formgebung von Wasseranlagen revolutioniert. Erstmals konnten vollkommen frei geformte Teiche gebaut werden, die zudem kostengünstig herzustellen waren.

Wo der Schwimmteich morgens den Horizont spiegelt, erweitert sich das Gartengrundstück in die Landschaft.

Rahmendaten

Baujahr: 2006
Größe: 350 m²
Badeteil: 180 m²
Reinigungsteil: 170 m²
Tiefe: bis 3,00 m
Technik: keine
Ufergestaltung: Kiesufer
Bauliche Besonderheiten: Flachwasserbucht für Kinder, Abtrennung mit PE-Folienwänden
Planung: Bio Piscinas, Lda

Mit der Ökologie-Bewegung in den achtziger Jahren setzte der Trend zum Naturgarten deutliche Zeichen in der Gartengestaltung. Naturnähe war gefragt und heimische Pflanzen, sodass Wildnis im Kleinen wieder neu entstehen konnte – mit Beerensträuchern, die Vogelfutter liefern und Blütenpflanzen für die Schmetterlinge. Hier durfte auch das Element Wasser nicht fehlen. Ein Feuchtbiotop im eigenen Garten, ob groß oder klein, wurde sofort zur Vogeltränke und dann schnell zur Heimat geschützter Amphibien und damit nicht selten zu einem naturschutzrelevanten Trittsteinbiotop. Kein anderer Lebensraum besiedelt sich so schnell und so vollständig wie ein aquatischer. Zur Freude der stolzen Besitzer wurde der Teich aber auch ein Ort der Naturbeobachtung, an dem die Schwalben trinken oder farbenprächtige Libellen ihrer Beute nachstellen. Und selbst zu nächtlicher Stunde sorgen Froschkonzerte für Unterhaltung.

In den neunziger Jahren ging man immer mehr der Frage nach, ob ein genügend großer Gartenteich nicht auch zum Schwimmen benützt werden könnte und so entstand, dank innovativer Ideen, der Schwimmteich – als

Badebiotop sozusagen. Die Selbstreinigungskraft der Gewässer zu nutzen, um den „Badesee in klein" in den Garten zu holen, hieß die umweltverträgliche Alternative zu chemisch aufbereitetem Wasser. So ließen sich zwei Ziele vorteilhaft miteinander verbinden: der Wunsch nach einem Feuchtbiotop und die Möglichkeit zum Schwimmen direkt vor der Haustür – Naturerleben in einer neuen Dimension. Sicherlich ist darin auch die Erfolgsgeschichte des Schwimmteiches begründet. In der Folge entstand nicht nur eine große Zahl, sondern auch eine erstaunlich große Vielfalt an Schwimmteichtypen, denn den Gestaltungsmöglichkeiten sind kaum Grenzen gesetzt.

Allen gemein ist die Badewasserqualität, die mittels biologischer Prozesse erreicht wird. Das äußere Erscheinungsbild ist wandlungsfähig und damit eher den Gestaltungswünschen der Besitzer untergeordnet. So kann es naturnah oder sehr architektonisch ausfallen, verspielt oder streng durchgestaltet, je nach Geschmack. Nimmt der Schwimmteich die Gestaltungsprinzipien des Hauses auf, unterstreicht er auf seine ganz eigene Weise das Gesamtkonzept des Grundstücks – häufig mit verblüffender Wirkung.

Neben der Möglichkeit zum Baden kann der Teich in der Gartengestaltung als Attraktion und Blickfang eingesetzt werden. Jahreszeitlich wechselnde Szenarien im Garten werden um das Element Wasser ergänzt, das mit Wind und Wetter ständiger Veränderung unterliegt. Der Gartenraum wird lebendig, bleibt nicht nur Kulisse.

Heute sind Schwimmteiche aus Hausgärten nicht mehr wegzudenken. Wasser – egal in welcher Form – fasziniert Groß und Klein, dank seiner physikalischen Eigenschaften. Es verändert Farbe und Form, spiegelt den Himmel und gefriert zu Eis, kann murmeln und plätschern, wärmt sich auf und lässt uns wunderbar darin baden. Ein Teich ist rund ums Jahr jeden Tag anders und hat einen großen Erlebniswert, selbst wenn wir nicht in ihm schwimmen. Ist er doch als belebtes, wenn auch nicht als lebendes Wesen zu betrachten, in dem sich eine Artengemeinschaft eingefunden hat, die dort wohnt und duldet, dass auch wir uns hinzugesellen. Der Schwimmteich sieht immer wieder anders aus, bei unterschiedlichem Licht, bei Sonne oder mit Wolken, selbst im Winter, wenn niemand badet, ist er einfach da und schön.

„Schönheit ist die Erfahrung des Lebendigen" sagt der Philosoph IMMANUEL KANT. In diesem Sinne bieten Schwimmteiche von allen Gartenelementen die vielleicht beste Möglichkeit, zu einem schönen Garten beizutragen.

Wasser ist viel mehr

„... Wasser ist viel mehr als nur ein Landschaftselement, es ist Kraft, im physischen, geistigen und psychischen Sinne, mehr als H_2O."

HANS HERMANN WÖBSE

Ausgewählte Gestaltungsbeispiele

Bei der Gestaltung von Haus und Garten gefällt nicht jedem dasselbe, so ist es auch bei den Schwimmteichen. Unterschiedlichste Formen konkurrieren miteinander. Es hängt von den Vorlieben und Interessen der Besitzer ab, in welcher Position sich der Aufbereitungsbereich befindet, ob es Filter und Pumpen gibt oder nicht.

Der Garten ist, so weiß man heute, ein Spiegel des Naturbildes seiner Bewohner. Ob naturnah gestaltet, design-orientiert, kleinteilig oder großzügig, bunt oder grün in Grün, ist er Ausdruck eines individuellen Bedürfnisses nach Naturbeherrschung. Der Schwimmteich als Gestaltungselement im Garten kann sich dem nicht entziehen, wurden doch auch bei seiner Auswahl dieselben Bedürfnisse geltend gemacht.

Ein kleines Grundstück

Oftmals haben Besitzer kleiner Grundstücke Bedenken, wenn es darum geht, fast die gesamte Gartenfläche dem Bau eines Schwimmteiches zu opfern. In der Regel entfällt dadurch die einzige Rasenfläche und es wächst die Besorgnis, keinen Platz mehr zu haben. Der Garten könnte zu vollgestopft wirken. Die Erfahrung lehrt uns: Die für den Schwimmteich bereitgestellte Fläche erweist sich spätestens nach der ersten Badesaison als sehr gut genutzt und die offene Wasserfläche erhält zudem die Weite des Gartens. Wöchentliches Rasenmähen entfällt. Wichtig ist in einem solchen Fall, dass trotzdem noch genügend Aufenthaltsfläche verbleibt, wenn schon „der gesamte Garten unter Wasser gesetzt wurde". Beispielsweise können Wege auch als Stege ausgeführt werden, sodass eine platzsparende Doppelnutzung der Fläche möglich ist.

Ein kleiner Teich

Wie klein ein Schwimmteich sein darf, hängt von seiner Nutzung, seiner geografischen Lage, der Bauweise und vom gewählten Reinigungssystem ab. Der zur Verfügung stehende Platz für den Teich sollte deswegen nur einer der entscheidenden Faktoren sein, denn auch beim Schwimmteichbau gilt es, Mindestgrößen zu beachten. Die Größe des Teiches soll aber auch mit der des Hauses und des Gartens harmonieren, denn ein kleiner Teich kann vor einem sehr großen Haus leicht fehl am Platze wirken.

Und noch ein weiterer, schon fast psychologischer Hintergrund ist zu bedenken: Auch bei der Ausgestaltung eines kleinen Teiches sollte als Leitbild immer ein See herangezogen werden. Der Teich darf keinesfalls als „Pfütze" wirken, in die niemand freiwillig zum Baden hineinsteigt oder die zum Schwimmen einfach als „zu klein" und damit ungeeignet erscheint – selbst wenn die Wasseraufbereitung kein Problem darstellt, wie Beispiele bereits belegen.

Ein großer Teich

Zu groß kann ein Schwimmteich eigentlich nie sein, sofern bei der Platzierung in der Landschaft das richtige Niveau im Gelände gewählt wurde. Selbst zusammen mit einem kleinen Haus wirkt ein großer Teich nicht übertrieben, sondern eher natürlich. In jedem Fall ist mehr als genügend Platz zum Schwimmen vorhanden. Es ist jedoch empfehlenswert, an einem großen Teich mehr als nur eine Einstiegsmöglichkeit anzubieten, beispielsweise Treppe und Steg an gegenüberliegenden Seiten.

Ein architektonischer Schwimmteich

Gerade durch die Abdichtung von Schwimmteichen mit Teichfolien wurde es möglich, freie, sehr naturnahe Formen zu realisieren. Zu beobachten ist ein gewisser Trend, Schwimmteiche stärker geometrisch und architektonischer zu gestalten. Dies könnte als eine Tendenz „zurück zum Pool" aufgefasst werden, wäre da nicht auch gleichzeitig der Wunsch nach natürlichem Badewasser.

Dass der Wunsch nach einem durchgestalteten Lebensumfeld vor dem Schwimmteich nicht haltmacht, verwundert nicht. Materialien wie Edelstahl, polierter Stein und Holz sind hochgradig geeignet, sich modernem Design

Die kühne Entscheidung, die Wasserfläche über das ganze Grundstück auszudehnen, schafft Weite auf kleiner Fläche.

Rahmendaten

Baujahr: 2006
Größe: 150 m^2
Badeteil: 50 m^2
Reinigungsteil: 100 m^2
Tiefe: 2,20 m
Technik: Solarpumpe, Skimmer und Pflanzenfilter
Ufergestaltung: Kiesufer
Planung: Bio Piscinas, Lda

Auch das ist ein Schwimmteich, wenngleich der Badeteil fast nur zum Eintauchen Platz bietet.

Rahmendaten

Baujahr: 2002
Größe: ca. 25 m^2
Badeteil: ca. 7 m^2
Reinigungsteil: ca. 18 m^2
Tiefe: bis 1,60 m
Technik: Pumpe mit einer Leistung von ca. 5 m^3/h, kleiner Skimmer, durch Druck wird ein mineralischer Filterkörper in der Uferzone beschickt
Ufergestaltung: Teichrand mit PE-Kunststoffbahn oder Betonrandsteinen
Bauliche Besonderheiten: Abtrennung mit Teichsäcken
Firma: Teich & Garten, Carsten Schmidt

Große Schwimmteiche sollten mehrere Einstiege haben. Das gibt den Badenden Sicherheit.

Rahmendaten

Baujahr: 1999
Größe: 400 m^2
Badeteil: 200 m^2
Reinigungsteil: 200 m^2
Tiefe: Badeteil 2,70 m, Reinigungsteil 1,50 m
Technik: Solarpumpe, Skimmer
Bauliche Besonderheiten: Abtrennung mit folienüberzogenen Erdwällen, Bachlauf
Planung: Bio Piscinas, Lda

anzupassen. Solange die biologischen Prinzipien genügend beachtet werden, sind der Wandlungsfähigkeit von Schwimmteichen wohl kaum Grenzen gesetzt.

Ein Teich in der freien Landschaft

Wird der Schwimmteich in die freie Landschaft platziert, ohne eine direkte Anbindung an ein Haus, ist seine landschaftliche Einbindung ganz besonders zu beachten. Wichtig ist das richtige Niveau des Wasserspiegels im Verhältnis zu den umliegenden Flächen. Die Wahl des richtigen Gesteins (Felsen, Findlinge, aber auch Kies) ist entscheidend dafür, ob der Teich aussieht, als gehöre er dahin, oder ob er als Fremdkörper wirkt. Auch die Auswahl und Platzierung der Pflanzen spielt eine wichtige Rolle, heimischen Arten sollte in diesem Falle der Vorzug gegeben werden.

Als ein weiterer Aspekt sind Sichtverbindungen zur umliegenden Landschaft zu beachten, die ein umfassendes Landschaftserleben und -verständnis ermöglichen. Dies erhöht den Erlebniswert einer Schwimmteichanlage.

Ein Teich in Hanglage

Einen Schwimmteich auf einem Hanggrundstück zu platzieren, das ist eine der schwierigsten und in der Regel auch recht kostspieligen Aufgaben. Zwar fällt in einer Hanglage weniger Erdaushub an, der abtransportiert werden muss, doch sind dafür Stützmauern vonnöten, die dem Wasserdruck standhalten müssen. Auch hier gilt es, das richtige Niveau zu wählen. Der Teich darf nicht zu hoch angehoben wirken, das sieht extrem künstlich aus und wirkt wenig harmonisch im Landschaftsbild. Er darf aber auch nicht zu tief im Gelände liegen, sonst kann der ganze Garten abschüssig wirken. Außerdem ist es unangenehm, zum Teich in ein „Loch" hinunterzusteigen, zumal das klare Wasser diesen Effekt verstärkt, da man bis auf den Teichgrund sehen kann.

Ein gut eingepasster Teich kann auf einem Hanggrundstück aber auch nahezu Wunder bewirken. Im Idealfall vermittelt er zwischen verschiedenen Ebenen im Garten, was insbesondere bei einem architektonisch gestalteten Garten leicht gelingt. Verblüffend, wie viel Weite eine Teichfläche an einem solchen Platz hervorbringen kann!

Erfahrungen mit älteren Anlagen

Schwimmteiche verändern sich im Laufe der Zeit – das macht ihren Reiz aus. Man kann praktisch zusehen, wie sich der Teich entwickelt – das geht erstaunlich schnell. Die Ufervegetation wird üppiger, die Seerosen blühen prächtig, die Tierwelt erobert sich einen festen Platz am Teich.

Schwimmteiche verändern sich – das bedeutet mitunter aber auch Negatives: Aufgrund natürlicher Entwicklung setzen Prozesse wie Verlandung, also das Zuwachsen eines Gewässers, und die Monotonisierung der Pflanzenzusammensetzung ein. Wie kommt es dazu?

Als abflusslose Systeme sind Schwimmteiche prädestiniert für die Nährstoffanreicherung, da zwar alle möglichen Stoffe in den Teich hineingelangen können, aber nicht wieder heraus. Hier eröffnen jedoch die Pflanzen einen Weg zum Nährstoffexport: durch kräftigen Rückschnitt, zum Beispiel der

Ein Schwimmteich, gestaltet wie ein Swimmingpool, fügt sich gut in ein kleines Gartengrundstück mit formaler Gestaltung ein.

Rahmendaten

Baujahr: 2006
Größe: 70 m²
Badeteil: 32 m²
Reinigungsteil: 38 m²
Tiefe: 1,50 m
Technik: Schwimmbadpumpe, Pflanzenfilter, Bodenabzug
Ufergestaltung: Kiesufer
Bauliche Besonderheiten: Badebecken aus Betonwänden
Firma: aguas vivas (Spanien)

Dieser Schwimmteich vermittelt zur umliegenden Landschaft. Die sich zum Horizont erstreckende Bucht lenkt den Blick in die Weite.

Rahmendaten

Baujahr: 2002
Größe: 350 m²
Badeteil: 150 m²
Reinigungsteil: 200 m²
Tiefe: bis 2,00 m
Technik: keine
Ufergestaltung: im Badeteil Steinufer, sonst Kiesufer
Bauliche Besonderheiten: Abtrennung mit folienüberzogenem Erdwall
Planung: Bio Piscinas, Lda

Eine gut drei Meter hohe Betonstützmauer war nötig, um diesen Teich in einer extremen Hanglage zu realisieren.

Rahmendaten

Baujahr: 2001
Größe: 200 m²
Badeteil: 100 m²
Reinigungsteil: 100 m²
Tiefe: Badeteil 2,00 m, Reinigungsteil 1,50 m
Technik: keine
Ufergestaltung: teilweise Betonwand als Ufer, Kiesufer
Bauliche Besonderheiten: Abtrennung mit folienüberzogenem Erdwall
Planung: Bio Piscinas, Lda

Links: Im neu angelegten Schwimmteich müssen die Badenden Rücksicht auf die noch anwachsenden Pflanzen nehmen.

Rechts: Vier Jahre später hat sich das Bild gewandelt. Das üppige Pflanzenwachstum garantiert beste Badewasserqualität und dominiert das Erscheinungsbild.

Rahmendaten

Baujahr: 2003
Größe: 170 m²
Badeteil: 60 m²
Reinigungsteil: 110 m²
Tiefe: 2,20 m
Technik: Solarpumpe, Skimmer
Ufergestaltung: Sandufer
Planung: Bio Piscinas, Lda

Röhrichtbestände, oder durch Entnahme der Seerosenblätter. Im ersten Fall kann im Winter das Röhricht etwa 10 cm über der Wasseroberfläche abgeschnitten und aus dem Teich entnommen werden. Die Entnahme ist wichtig, um die im geschnittenen Material enthaltenen Nährstoffe nicht im Teich zu lassen. Im zweiten Fall kann gehandelt werden, wenn die Seerosenblätter etwa die Hälfte der Wasseroberfläche im Reinigungsteil bedecken. Da diese Blätter über kurz oder lang ohnehin am Teichgrund landen, kann über ihren Schnitt im Spätsommer eine wirkungsvolle Nährstoffentnahme durchgeführt werden. Hilfreich ist ebenfalls eine kontinuierliche Entnahme der welken Seerosenblätter. Beide der beschriebenen Maßnahmen können auch optisch wie eine Verjüngungskur auf den Teich wirken.

Da Schwimmteiche relativ kleine Gewässer sind, kann übermäßiger Pflanzenwuchs recht schnell zu Verlandungsprozessen führen. In der Natur wird dieser Prozess seeseits durch größere Tiefen aufgehalten, Tiefen, die es im Schwimmteich nicht gibt. Zwar können bestimmte Teichformen geeigneter sein als andere, diesen Prozess zu verzögern, komplett verhindert werden kann er nicht.

Die Ausbildung natürlicher Monokulturen ist ein bekanntes Phänomen der Röhrichte und Riede. Speziell Arten wie Schilf (*Phragmites australis*), Schmalblättriger Rohrkolben (*Thypha angustifolia*) und Ufer-Segge (*Carex riparia*) neigen verstärkt dazu, im Laufe der Zeit natürliche Reinbestände zu bilden, in denen kaum noch eine andere Pflanzenart Platz findet. Sowohl bei der Teichgestaltung als auch bei der Pflanzplanung muss der Planer dies berücksichtigen.

Durch regelmäßige Pflegemaßnahmen kann diesen unerwünschten Prozessen Einhalt geboten werden. Lässt man sie gewähren, besteht die Gefahr, in einigen Jahren eine Generalsanierung des Teiches durchführen zu müssen.

Auch wenn Schwimmteiche als naturnahe Systeme zu betrachten sind, dürfen sie keinesfalls völlig sich selbst überlassen werden. In der Natur würden solch kleine Gewässer sehr schnell verschwinden, das heißt verlanden und zuwachsen. Um den Schwimmteich über viele Jahre ansehnlich, funktionstüchtig und abwechslungsreich zu erhalten, sind beispielsweise die bereits genannten Pflegemaßnahmen notwendig, die das Schwimmteichsystem in einem dynamischen Gleichgewicht erhalten, in dem die biologischen Reini-

gungsprozesse wie gewünscht ablaufen können, ohne dessen Langlebigkeit zu beeinträchtigen. Die Nachhaltigkeit des Schwimmteichsystems hängt also von seiner Pflege ab. Erfolgt diese regelmäßig, kann jahrzehntelang die gewünschte Wasserqualität zur Verfügung stehen. Das zeigen ältere Anlagen, die bereits seit 25 Jahren bestehen.

In der Regel lässt sich sogar sagen, dass ältere Anlagen durchaus stabiler sein können als jüngere. Sie sind eingewachsen und haben ein artenreiches Plankton ausgebildet, das macht sie weniger anfällig für Störungen. So ist es nicht weiter verwunderlich, dass auch nach vielen Jahren immer noch glasklares Wasser zum Bade bereitsteht.

Natürlich gibt es auch viele Neuerungen auf einem so dynamischen Markt wie dem der Schwimmteiche: neue Materialien, neue Reinigungssysteme, neue Komponenten, neues Zubehör, Accessoires für den Teich, Beleuchtung, Beschallung und noch vieles mehr. So kann einem ein Teich ohne all das Neue auch überaltert erscheinen.

Bei Gefallen sind viele dieser Neuerungen dem in die Jahre gekommenen Schwimmteich einfach hinzuzufügen. Unter Umständen kann aber auch eine Renovierung oder Teilrenovierung vorteilhaft sein, um einer Anlage zu neuem Glanz zu verhelfen. Manchmal ist es bereits mit einer gründlichen Reinigungs- und Pflegemaßnahme getan, wie zum Beispiel dem Auswechseln oder dem Rückschnitt einer zu stark wuchernden Pflanzenart.

Den Ur-Schwimmteich von Paul Schwedtke in Norddeutschland gibt es noch heute. Er entstand vor etwa 25 Jahren durch Umwandlung eines Swimmingpoolbeckens durch Absenken der Seitenwände.

Teil 2

Planung und Ausführung Schritt für Schritt

Planung von Projekten

Der Erfolg eines Schwimmteichprojektes wird an dauerhaft klarem Wasser gemessen. Die Grundlagen dafür werden in der Planungsphase erarbeitet, unter Beachtung vielfältigster Rahmenbedingungen. Bei der Ausführung gilt es dann, die vorliegende Planung fachgerecht umzusetzen.

Rechtliche Bestimmungen

Bei Genehmigungsfragen sind zu berücksichtigen:

- die Bauordnung des Gemeindeamtes,
- die Landesbauordnung,
- das Nachbarschaftsrecht,
- das Wasserhaushaltsgesetz,
- das Naturschutzgesetz und
- die FLL-Richtlinie zum Bau von privaten Schwimmteichen.

Wird der Bau eines Schwimmteiches erwogen, ist es sinnvoll rechtzeitig beim Gemeindeamt zu erfragen, ob eventuell Genehmigungen einzuholen sind. Dies zu tun ist ratsam, bevor irgendwelche Baumaßnahmen begonnen wurden und eventuell bereits Kosten verursacht haben.

Teiche, und somit auch Schwimm- und Badeteiche, können genehmigungspflichtig sein. Verbindliche Auskunft hierüber gibt die Landesbauordnung, die je nach Bundesland verschieden ist.

Teiche sind im Sinne des Baurechts zunächst einmal keine Bauten, sofern sie ohne konstruktive Elemente auskommen, die eine Statik benötigen. Dennoch können bezüglich ihrer Erstellung Genehmigungen notwendig sein, die sich auf verschiedene Vorgänge des Bauvorhabens beziehen, wie beispielsweise:

- die Abgrabung,
- die Erdbewegung,
- die Ablagerung oder den Einbau des Aushubes,
- die Versiegelung des Bodens,
- das Versickern des eingefangenen Regenwassers und
- das Einleiten von Regen- oder Teichwasser in die Umwelt.

Im Bauverfahren können folgende Sachverhalte Auflagen erfordern:

- das Bauen im Außenbereich,
- die Abstände des Teiches zur Grundstücksgrenze,
- die Abstände zu baulichen Anlagen, zu bestehenden Bepflanzungen,
- der Sichtschutz sowie
- der Schutz vor schädigenden Einflüssen verursacht durch Regen und Wasser.

Weiterhin gibt es in den Staaten des deutschsprachigen Raumes erhebliche Unterschiede bei der Beurteilung, wann ein Genehmigungsverfahren notwendig ist und welches die zu genehmigenden Abschnitte des Bauverfahrens sind. In Deutschland kann jeder Landkreis (bzw. jede Gemeinde) per Gemeindesatzung hierüber rechtliche Bestimmungen festlegen, sodass es hier sogar von Kreis zu Kreis erhebliche Unterschiede in der Handhabung solcher Verfahren geben kann.

Bestimmungen des Flächennutzungs- und Bebauungsplans der Gemeinde geben den rechtlichen Rahmen des Baurechtes für ein Projekt. Wichtig ist dabei die sogenannte Baunutzungsverordnung mit den dortigen Festlegungen für das Baugebiet, in dem das Grundstück liegt. Die jeweilige Landesbauordnung enthält Bestimmungen zur Genehmigungspflicht.

Allgemein gilt vielerorts in Deutschland, dass erst ab einer Erdbewegung vom mehr als 100 m^3 Genehmigungen einzuholen sind. Der Teich sollte dabei immer nur eine maximale Tiefe von 2,00 m erreichen. In Österreich ist eine Bauanzeige beim Gemeindeamt zu machen, wenn der Schwimmteich mehr als 35 m^2 Wasseroberfläche haben soll und tiefer als 1,50 m sein soll. In der Schweiz greift die Genehmigungspflicht, sofern tiefer als 1,20 m gegraben wird. In Landwirtschaftszonen werden keine Projekte genehmigt.

Es gibt also Orientierungsgrößen, die beachtet werden sollten. Aus diesem Grund ist es sinnvoll, sich beim Gemeindeamt zu erkundigen, welche Vorschriften im konkreten Falle gelten oder zu berücksichtigen sind und welche Daten oder Dokumente gegebenenfalls beizubringen sind. Auch der Zeitraum, den ein Genehmigungsverfahren benötigt, kann dabei erfragt werden.

Im Normalfall reicht eine Bauanzeige an das Gemeindeamt aus. In dieser teilt der Bauherr, also der Grundstückseigentümer, dem Gemeindeamt mit, dass er vorhat, einen Schwimmteich zu errichten. Für die Bauanzeige sind neben den Daten des Eigentümers ein Plan mit Schnitten als auch ein Lageplan notwendig. Dazu kann in einer Katasterkarte, die das Grundstück erfasst, der Teich eingezeichnet und in einer kurzen Projektbeschreibung die Größe des Teiches, dessen Tiefe und Lage erläutert werden.

Für Schwimmteiche, die aus Betonwänden gebaut werden, sind statische Berechnungen vonnöten, um die Standfestigkeit des Bauwerkes hinsichtlich Erd- und Wasserdruck zu gewährleisten. Dies ist unbedingt an einen Fachmann zu vergeben, der statische Berechnungen machen kann und darf. In diesem Fall ist in der Regel auch ein Genehmigungstatbestand gegeben, sodass ein Bauantrag bei der zuständigen Behörde gestellt werden muss.

Neben der Auskunft beim Gemeindeamt kann natürlich auch ein mit Schwimmteichprojekten erfahrener Planer zu Rate gezogen werden. Speziell wenn Auflagen seitens der Behörden verhängt werden, ist fachkundige Hilfe empfehlenswert, weil der Bauherr damit als Laie überfordert sein kann.

Der private Bauherr eines Schwimmteiches ist, anders als die professionellen Planer öffentlicher Schwimmteichanlagen, nicht an Regelwerke gebunden. Dennoch empfiehlt sich, auch im Falle des Eigenbaus, ein Blick in die „Empfehlungen für Bau und Instandhaltung von privaten Schwimm- und Badeteichen“ der Forschungsgesellschaft Landschaftsentwicklung Landschaftsbau e.V. (FLL 2006). Auf jeden Fall ist dies ratsam, soll ein Garten- und Landschaftsbauunternehmen mit der Errichtung der Badeteichanlage beauftragt werden, denn die sogenannte FLL-Richtlinie hat zwar keine Gesetzeskraft, ist also nicht bindend, sie gibt jedoch eine gute Orientierung hinsichtlich der Mindeststandards beim Bau, der Errichtung und dem Betrieb einer Schwimmteichanlage.

Von den limnologischen Grundlagen bis hin zu einer Beschreibung der verschiedenen Maßnahmen der Instandhaltung versucht die FLL-Empfehlung den gesamten Bereich der Schwimmteichplanung zu erfassen. Was die rechtliche Seite des Schwimmteichprojektes betrifft, so ist auch an die Bereiche des Haftungsrechts (wie Schuldverhältnisse oder Verkehrssicherungspflicht) und des Nachbarschaftsrechts zu denken. Bedacht werden sollte auch, dass unter Umständen naturschutz- und wasserrechtliche Belange durch die Errichtung einer solchen Anlage betroffen sein könnten.

Auskünfte zu Rechtsfragen rund um den Schwimmteich erteilen die Landesorganisationen der Schwimmteichbranche (Adressen siehe unter Bezugsquellen, Seite 192). Dort kann man sich auch über etwaige anders gelagerte Regelungen in der Schweiz und in Österreich erkundigen.

Aufgabenstellung

Nachdem die rechtlichen Fragen behandelt wurden, geht es im folgenden Schritt um die Aufstellung eines Programmes, nach dem die Planung des Projektes erfolgen kann.

Die steile Lage bietet Aussicht und Windschutz. Ein solcher Bauplatz fern vom Haus erfordert planerisches Geschick und große Erdbewegungen, um eine Ebene zu schaffen, in die der Wasserspiegel und Aufenthaltsflächen platziert werden können.

Rahmendaten

Baujahr: 2006
Größe: 370 m²
Badeteil: 190 m²
Reinigungsteil: 180 m²
Tiefe: bis zu 3,50 m
Technik: keine
Ufergestaltung: flache Kiesufer
Bauliche Besonderheiten: Trennwände aus PE-Folie
Planung: Bio Piscinas, Lda

Warum Planung?

Planung ist generell sinnvoll, weil mit der Erstellung von Plänen genauere visuelle Vorstellungen der Schwimmteichanlage erarbeitet werden. Alle Beteiligten können anhand von Plänen besser erkennen, wie der Schwimmteich aussehen und wie er gebaut werden soll. Auch Wünsche können so besser berücksichtigt werden. Im Falle einer Vergabe an einen ausführenden Betrieb kann ein Planwerk Klarheit verschaffen, was genau gebaut werden soll und wie die Details fachgerecht ausgeführt werden müssen. Zudem sind gut ausgearbeitete Planunterlagen die beste Grundlage für eine genaue Kostenkalkulation.

Im ersten Schritt der Planung soll geklärt werden, was genau (Objektbeschreibung) für wen (Nutzerzahl und Nutzerprofil) an welchem Platz (Ortsbeschreibung) zu planen ist. Wenn ein Planer mit dem Projekt betraut werden soll, dient diese Objektbeschreibung der Erstellung des Planungsangebotes. Grundlage hierfür bietet eine ausgefüllte Checkliste (siehe Seite 113), die es Planer und Bauherren ermöglicht, gemeinsam eine Struktur für die Ausarbeitung des Projektes zu finden.

Bei der Auswertung der Fragen geht es zunächst darum zu klären, ob der Bau eines Schwimmteiches am vom Bauherren gewünschten Platz möglich und zu welchen Bedingungen eine Realisierung durchführbar ist. Eine gründliche Analyse aller Faktoren klärt im Vorfeld viele Fragen und Sachzusammenhänge, ebenso ermöglicht es das Herausfiltern von Prioritäten, die sowohl für den Planer als auch für den Bauherrn von Bedeutung sind. Resultat dieses Arbeitsschrittes sind die Rahmenbedingungen, unter denen das Projekt entworfen werden kann.

In der nächsten Phase geht es um die Ausarbeitung einer Zielvorstellung unter den im Fragebogen ermittelten Bedingungen. Zu welchen Bedingungen kann am ausgewählten Bauplatz ein Schwimmteich entstehen, der Badewasserqualität (im Sinne gesetzlicher Bestimmungen) für die Nutzer bietet. Das Festlegen dieser konkreten Aufgabenstellung ist die Ausgangsvoraussetzung für die Erarbeitung eines Planentwurfes, unabhängig davon, ob dieser von

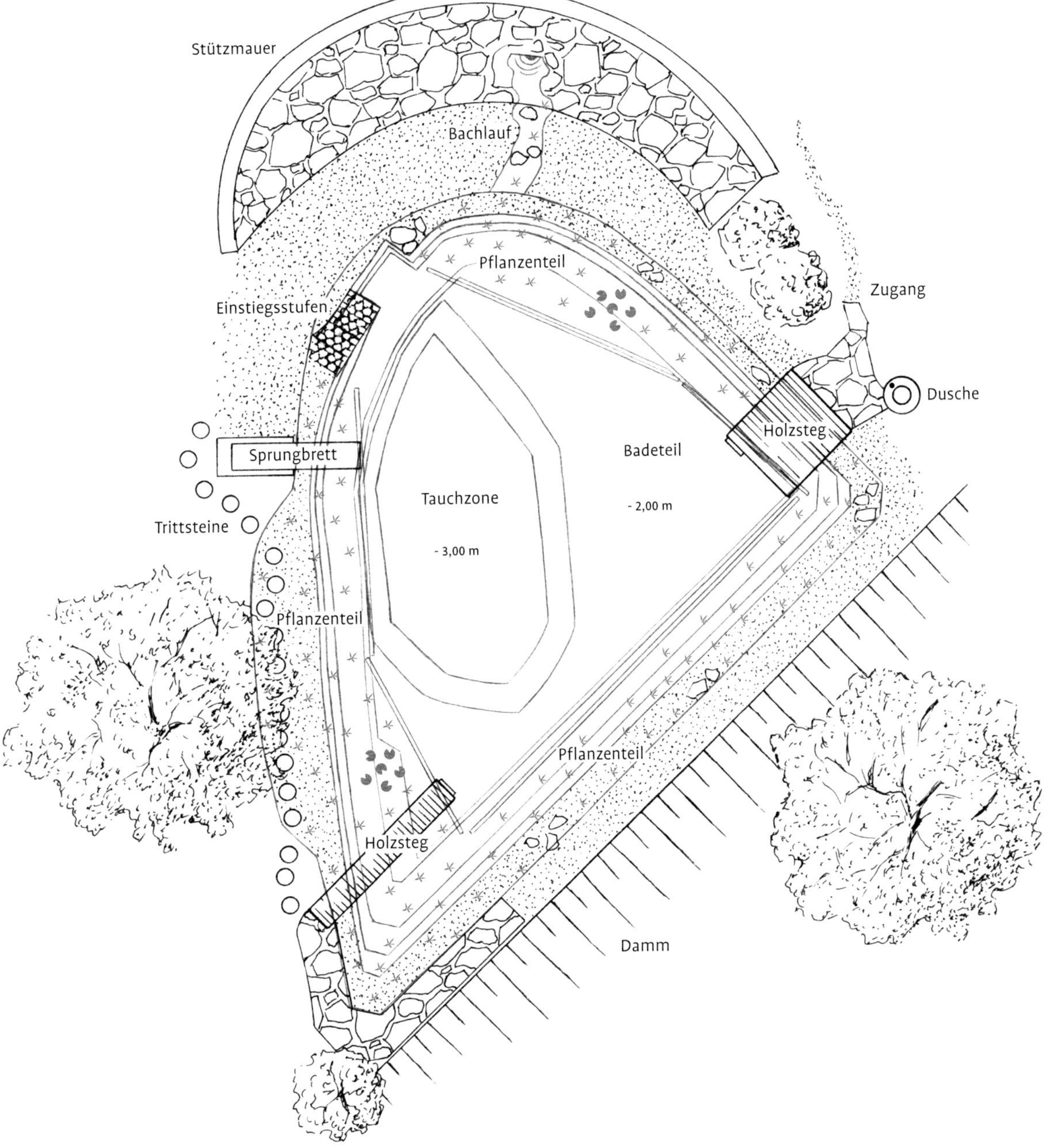

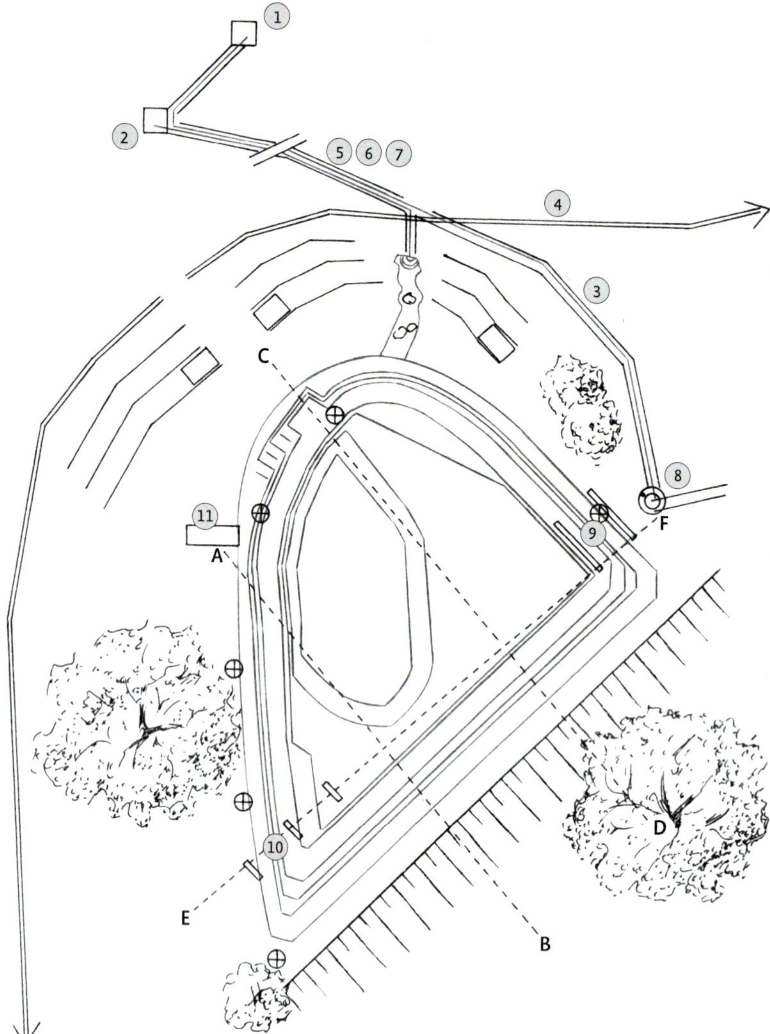

Draufsicht

Rohrleitungen und Schächte
1 Verbindung zum Wasser vom Bohrloch, Schacht vorhanden
2 Verbindung Duschwasser, Schacht vorhanden
3 Verbindung zur Dusche
4 Regenablaufgraben
5 Duschschlauch
6 Rohrverbindung vom Bohrloch
7 Leerrohr

Fundamente
8 Kreisfundament einschl. Verbindung zur Dusche
9 Bandfundament/Holzsteg
10 Fundamente/Holzsteg
11 Fundament/Sprungbrett

Ausstattung
8 Solardusche
1 – 2 Verbindungsstücke für vorhandene Rohrleitungen

⊕ Markierung im Gelände

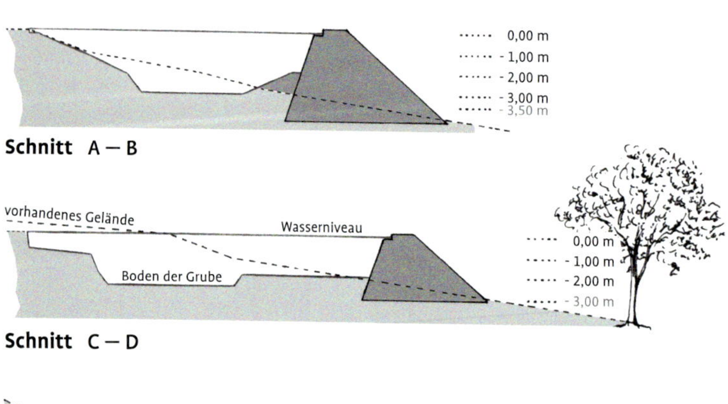

Schnitt A – B

Schnitt C – D

Schnitt E – F

Planliste für die Ausführung von Projekten:

- Vorentwurf (Ideenskizze),
- Entwurf (Gestaltungsplan),
- Aushubplan mit Tiefenangaben,
- Material-/Substratplan,
- Pumpen- und Leitungsplan,
- Pflanzplan,
- Detailpläne für Randausbildung, Kapillarsperre, Ufergestaltung, Steganlagen, Treppen oder andere Einstiegsmöglichkeiten, Schächte, Skimmer, Dusche,
- Detailpläne für Betonbauten oder Mauerwerk, angrenzende Terrassen.

einem Planer, einem erfahrenen Laien oder vom Bauherrn selbst erarbeitet wird.

Der nächste Schritt klärt, wie das oben beschriebene Ziel erreicht werden kann, welche Teichform möglich oder welches Reinigungssystem richtig ist für den Bauplatz mit seinen spezifischen Anforderungen und wie dies mit den Wünschen der zukünftigen Benutzer zusammenpasst. Eventuell ist es sinnvoll, Varianten des Entwurfes zu erarbeiten, die alternative Lösungen aufzeigen.

Bei der Diskussion des Entwurfes und seiner Varianten ist es wichtig, dass die Planung auf alle oben genannten Fragen Antwort geben kann. Auch sollten nochmals die Angaben in der Checkliste mit den Aufnahmen vom Bauplatz durchgesehen werden, um keinen Aspekt zu vernachlässigen. Der endgültige Entwurf ist dann die Grundlage für die Erarbeitung der Ausführungsplanung und sämtlicher Detailpläne.

Zu leisten ist also eine Optimierungsaufgabe, wie Teichform und -größe, ein der Nutzung entsprechend ausgewähltes und dimensioniertes Reinigungssystem sowohl gestalterischen Anforderungen als auch ästhetischen Vorstellungen gerecht werden und trotzdem funktional bestehen kann. Es wird deutlich, dass Schwimmteichplanung eine komplexe Aufgabe ist, die Fachleuten mit einschlägiger Ausbildung und Erfahrung übertragen werden sollte. Die Erstellung von Plänen in der notwendigen Ausführlichkeit ist die beste Methode das Projekt zu simulieren, eventuelle Schwierigkeiten rechtzeitig zu erkennen und die Wünsche der Bauherrn weitestgehend zu berücksichtigen.

Bei der Planung sollte die Badewasserqualität (wie sie erreicht und dauerhaft erhalten werden kann) an oberster Stelle auf der Prioritätenliste stehen. Schließlich geht es bei Planung und Bau eines Schwimmteiches nicht nur um das Badevergnügen oder eine gelungene Gestaltung, sondern auch um die Gesundheit der Badenden. Vor diesem Hintergrund ist gegebenenfalls manch anderer Wunsch weniger schwer zu gewichten.

Planungsschritte:

- Bestandsaufnahme am Bauplatz (mittels Fragebogen werden alle für Planung und Bau des Schwimmteiches relevanten Sachverhalte am Bauplatz geprüft, siehe „Checkliste zur Planung eines Schwimmteiches“, Seite 113).
- Vorentwurf (zeigt skizzenhaft Lage und Größe des Teiches, seine Form sowie die wesentlichen gestalterischen Elemente).
- Diskussion mit Bauherren bzw. zukünftigen Nutzern des Teiches (gesamte Familie) bezüglich Lage, Form, Tiefen, Einstiege, Zugänge und der allgemeinen Ausgestaltung des Teiches.
- Entwurf (zeigt die endgültige Form des Teiches und die gewählten gestalterische Elemente, dessen Einbindung in den Garten oder die Anbindung an bestehende Gebäude).
- Ausführungsplanung mit sämtlichen zum Bau notwendigen Details (baureife Zeichnungen, Leistungsverzeichnis).

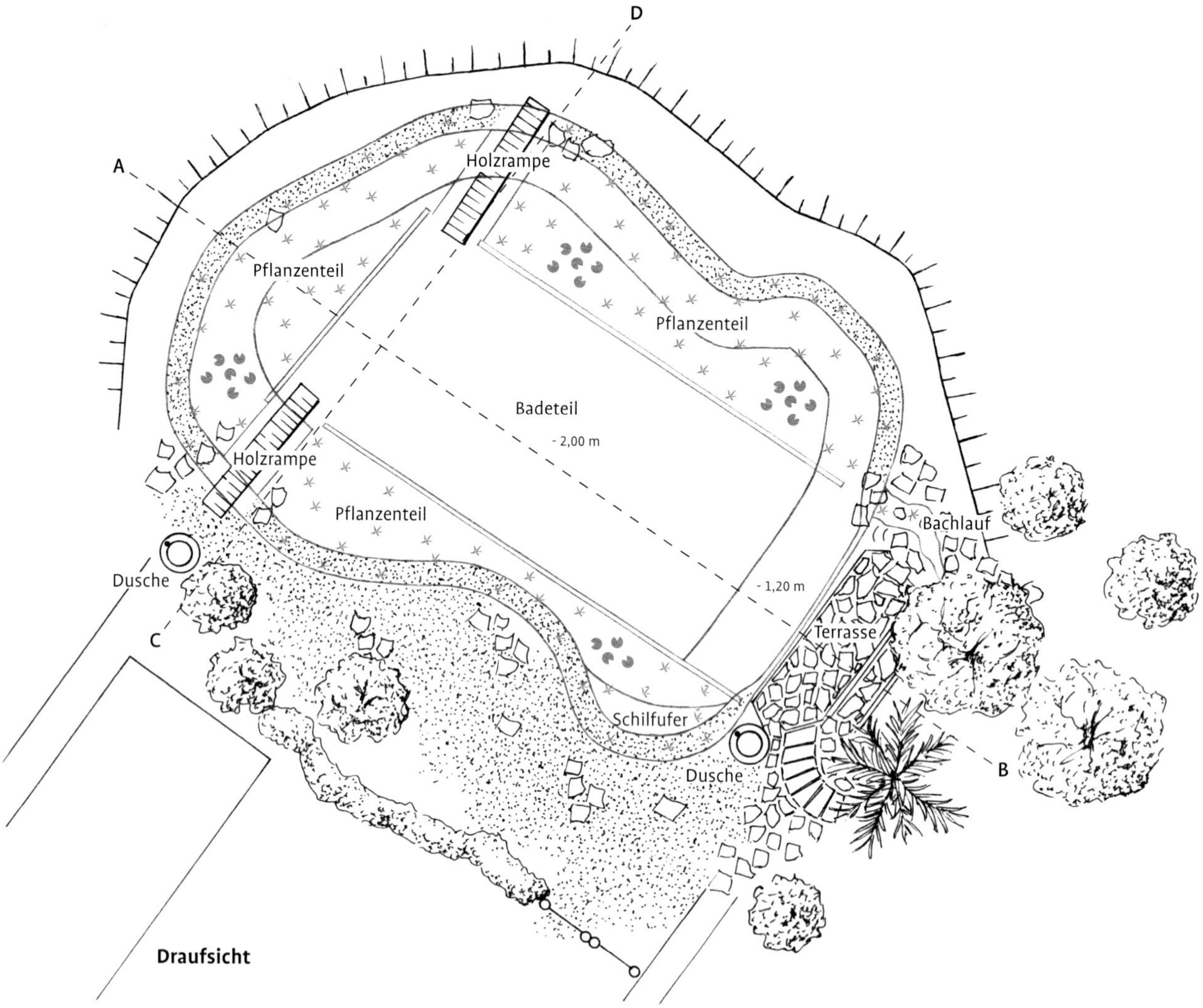

D
A
C
B
Holzrampe
Holzrampe
Pflanzenteil
Pflanzenteil
Pflanzenteil
Badeteil
- 2,00 m
- 1,20 m
Bachlauf
Terrasse
Schilfufer
Dusche
Dusche

Draufsicht

- 2,00 m
- 2,00 m
- 1,20 m

Schnitt A – B

- 0,20 m
- 0,50 m
- 1,20 m
- 2,00 m

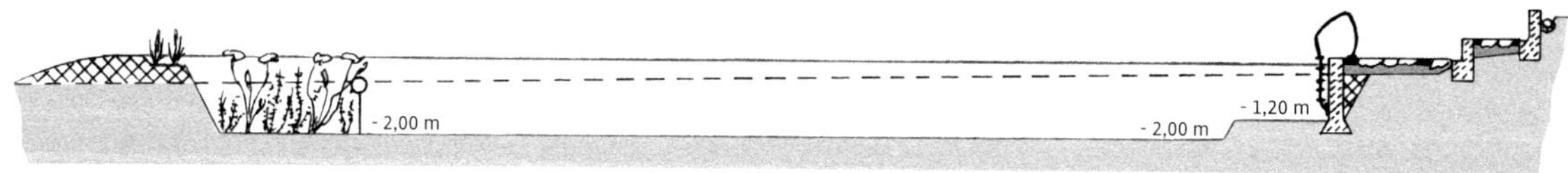

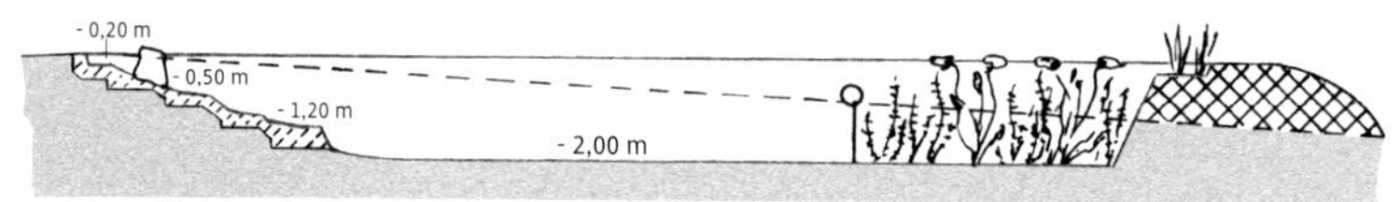

Schnitt C – D

Eine große Wasserfläche in die Landschaft zu platzieren heißt vor allem, das richtige Niveau zu treffen. Mit diesem 450 m² großen Schwimmteich gelang die Verbindung zwischen dem gestalteten Garten und der freien Landschaft. Die Aufenthaltsfläche liegt im Schatten der großen Bäume.

Rahmendaten

Baujahr: 2006
Größe: 450 m²
Badeteil: 210 m²
Reinigungsteil: 240 m²
Tiefe: bis zu 2,20 m
Technik: Schwimmbadpumpe, Skimmer und Pflanzenfilter
Ufergestaltung: flache Kiesufer
Bauliche Besonderheiten: Trennwände aus PE-Folie, kleiner Bachlauf
Planung: Bio Piscinas, Lda

Rückwand
Sitzbank
Bachlauf
Terrasse
Treppenstufen
PE-Profil eingebettet im Beton des Ringankers

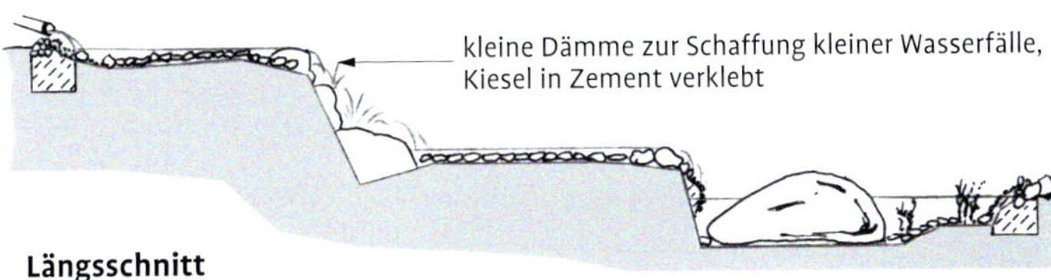

Längsschnitt

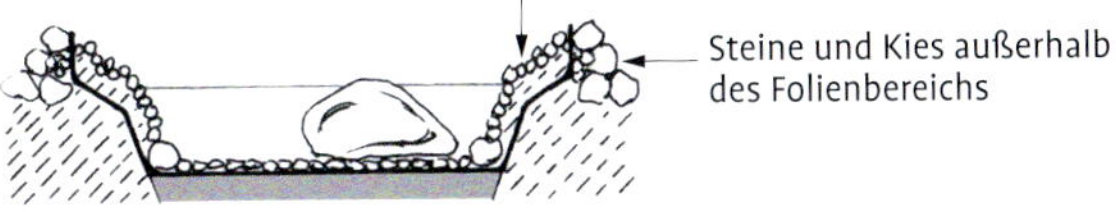

Querschnitt

Bestandsaufnahme und Bewertung des Bauplatzes

Vielfältig sind die Faktoren, die am Bauplatz berücksichtigt werden müssen. Besonders Klima, Topografie, Geologie und Boden, aber auch die Qualität des Füllwassers und nicht zuletzt die Nutzungsintensität spielen eine Rolle.

Klima

Sicher wird man Schwimmteiche nur in den Klimazonen errichten, wo im Sommer die Wahrscheinlichkeit auf einige Wochen Sonnenschein besteht. Denn es ist vor allem die Sonnenstrahlung, die das Wasser des Schwimmteiches erwärmt und somit das Badevergnügen ermöglicht. Betrachten wir die Verbreitung vieler wichtiger Unterwasserpflanzen, so ist eine theoretische Grenze der „Schwimmteichverbreitung“ bis fast zum Polarkreis zu ziehen.

Wie die große Zahl der Schwimmteiche in der Schweiz und in Österreich zeigt, gibt es auch kaum eine Höhengrenze, wobei ein Schwimmteich auf tausend Meter in den Alpen gelegen sicherlich eine kürzere Badesaison aufweisen wird als eine Anlage im Flachland. Es ist also mehr die Länge der zu erwartenden Badesaison und nicht das Klima, das hier von Bedeutung ist.

Wie nicht zuletzt die Arbeit der Verfasser dieses Buches seit über zehn Jahren in Portugal zeigt, ist es auch im mediterranen Klima möglich, Schwimmteiche zu errichten. Ja, es zeigt sich sogar, dass aufgrund der verlängerten Vegetationsperiode Schwimmteiche mit einer durchgehenden Badesaison von bis zu acht Monaten oder mehr kein Problem darstellen. Richtig konzipiert, bieten sie die ganze Saison über beste Wasserqualität und ein gutes Gedeihen der Pflanzen.

Klimafaktoren sollten ganz besonders auch bei der Pflanzenauswahl bedacht werden, denn dort, wo im Winter mit einer über Tage und Wochen geschlossenen Eisdecke zu rechnen ist, können nur winterharte Arten zum Einsatz kommen. Dies gilt für fast ganz West-, Mittel- und Osteuropa.

Topografie, Geologie und Boden

Der „natürlichste“ Platz für eine neue Wasserfläche ist die tiefste Stelle im Garten. Das denken viele, wenn sie sich noch nicht eingehender mit der Schwimmteichplanung befasst haben. Doch wer vorsorgend plant, muss bedenken, dass das in der Senke zusammenlaufende Wasser eine ernste Gefahr für eine Folienkonstruktion darstellen kann. Regen- und Grundwasser unter der Teichfolie sind unbedingt zu vermeiden.

Die Topografie eines Grundstückes ist also nach geeigneten Plätzen zu untersuchen. Das können Plätze sein, wo

- nach Möglichkeit kein Regenwasser zusammenläuft,
- kein angrenzendes Gewässer (Bach oder Fluss) über die Ufer treten kann,
- kein Grundwasser höher als 5,00 m unter Flur ansteht und
- keine Leitungen im Boden zu vermuten sind.

Natürlich sind auch noch Kriterien der zukünftigen Nutzer zu berücksichtigen (dazu mehr im Kapitel „Flächengröße und Nutzungsintensität“, Seite 40).

Wenn beispielsweise unklar ist, ob das Grundwasser zu hoch ansteht oder große Felsen versteckt im Boden liegen, sollte die Beauftragung einer Baugrunduntersuchung geprüft werden. Dies bedeutet zwar zusätzliche Kosten,

kann aber unter Umständen weit höhere Ausgaben vermeiden helfen, weil vorher geklärt werden kann, was der Baugrund zulässt.

Die Beschaffenheit des Aushubmaterials, also des Unterbodens, ist von Bedeutung für die mögliche Steilheit der Uferböschungen. In einem sandigen Untergrund muss der Böschungswinkel flacher gewählt werden als in einem steinigen Lehmboden. Zu beachten ist, dass geologische Beschaffenheit, Kornzusammensetzung und Durchfeuchtung das statische Verhalten der Wände der Baugrube bestimmen werden. Es ist also gut zu wissen, worin man gräbt.

Sicher wird eine Baugrunduntersuchung die Ausnahme sein, jedoch kann man mit Hilfe eines Baggers im Zentrum der zukünftigen Anlage eine Probegrabung (Schaufelbreite, 1,50 m tief) vornehmen lassen und so das Bodenprofil aufschließen.

Es sollte außerdem erwähnt werden, dass es natürlich auch für schwierige Bodenverhältnisse (z.B. die Einbeziehung von am Bauplatz vorhandenen Felsen oder hohe Grundwasserstände) professionelle Lösungen gibt. Derartige „Komplikationen" können vermieden werden, indem man einen weniger problembehafteten Bauplatz auswählt. Sollte die Bauplatzanalyse ergeben, dass mit Schwierigkeiten zu rechnen ist, die nur durch Fachleute wie beispielsweise Baustatiker, zu bewältigen sind, ist es ratsam, einen Fachbetrieb des Garten- und Landschaftsbaus und gegebenenfalls weitere Fachleute vor Beginn der Arbeiten hinzuzuziehen. Es gilt in jedem Fall: Alles, was vor Baubeginn geklärt werden kann, ist allemal billiger als Überraschungen während des Baus.

Füllwasser – Qualität und Mengenbilanz

Die chemisch-physikalischen Eigenschaften des Füllwassers sind entscheidende Faktoren für den Erfolg eines Schwimmteichprojektes. Aus diesem Grund sollte jeder, der einen Schwimmteich für sich oder als professioneller Anbieter plant, zuallererst die zur Verfügung stehende Wasserquelle auf Qualität und Quantität prüfen.

Die örtlichen Betreiber des Wassernetzes geben Auskunft über die von ihnen gelieferte Wasserqualität. Dort, wo Wasser aus einer eigenen Brunnenförderung oder Quelle zum Einsatz kommen soll, muss unbedingt die mineralische Zusammensetzung dieses Wassers von einem Labor geprüft werden.

Zwar gilt in den städtisch geprägten Landschaften Mitteleuropas fast durchweg, dass das Leitungswasser des örtlichen Versorgers als Trinkwasser eine für Schwimmteiche geeignete Zusammensetzung aufweist, doch kann zum Beispiel zum Schutz des Wasserleitungssystems beigefügtes Phosphat die Qualität so stark beeinträchtigen, dass es keinesfalls als Füllwasser für den Schwimmteich geeignet ist.

Ein Blick auf das Kleingedruckte auf dem Etikett der Mineralwasserflasche lehrt uns, dass man positiv (Anionen) und negativ (Kationen) geladene Teilchen unterscheiden kann. Doch diese Form der Darstellung der mineralischen Wasserkomponenten ist für eine Beurteilung der Eignung des Wassers für den Schwimmteich weniger hilfreich.

Beginnen sollten wir mit dem pH-Wert. Dieser sagt uns, ob im Wasser die positiv geladenen H^+-Ionen oder die negativ geladenen OH^--Ionen überwiegen. Ist ihre Menge genau gleich, wird das Wasser als „neutral" mit einem pH-Wert von 7 bezeichnet. Überwiegen die H^+-Ionen, ist das Wasser im sauren Bereich. Entsprechend handelt es sich um eine Lauge, wenn die OH^--Ionen überwiegen.

Wie wir noch sehen werden, liegt der pH-Wert in Schwimmteichen mit einem relativ stabilen Ökosystem mit pH-Werten im Bereich etwas über 8 im leicht alkalischen Bereich. Dies muss aber beim Füllwasser nicht gleich von Anfang an so sein, denn eines ist sicher: Die Aktivität der Lebewesen und die eingebrachten Pflanz- und Filtersubstrate verändern die chemische Zusammensetzung des Füllwassers; und dies meistens sehr schnell.

Ein weiterer wichtiger Ausgangswert des Wassers ist die Leitfähigkeit, meist angegeben in Mikrosiemens pro Zentimeter (µS/cm). Da die Werte temperaturabhängig sind, wird immer die Bezugstemperatur (meist 20 °C) mit angegeben. Umrechnungen sind möglich. Wenn wir sehen, dass destilliertes Wasser einen Wert von 1 bis 3 µS/cm aufweist, Quellwasser in einem kalkreichen Gebiet 200 bis 500 µS/cm und Abwasser 700 bis 10 000 µS/cm, so wird klar, dass uns die Leitfähigkeit einen Orientierungswert liefert, ob im Wasser gelöste Stoffe in einer größeren oder kleineren Menge vorhanden sind. Eine Zuordnung in dem Sinne, dass niedrige Werte besser als höhere Werte seien, darf aber keinesfalls in dieser isolierten Beurteilung erfolgen. Bei augenscheinlich sauberem Wasser eines Schwimmteiches und Werten der elektrischen Leitfähigkeit von etwa 500 µS/cm oder etwas mehr können wir aber mit Sicherheit davon ausgehen, dass wir es mit einem karbonathaltigen, also basisch reagierenden Wasser zu tun haben.

Damit wären wir bereits beim nächsten Orientierungswert angelangt: der Wasserhärte, in Mitteleuropa meist ausgedrückt in Grad deutscher Härte (°dH).

Folgende Aufstellung zeigt, was sich hinter dem Wert von 1 °dH verbergen kann:

- 18 mg $CaCO_3$/l (Kalziumkarbonat),
- 15 mg $MgCO_3$/l (Magnesiumkarbonat),
- 10 mg CaO/l (Kalziumoxid),
- 7,1 mg MgO/l (Magnesiumoxid).

Wasser von 0 bis 8 °dH gilt als „weich“, von 8 bis 18 °dH als „mittelhart“ und Wasser mit Werten von über 30 °dH als „sehr hart“.

Da viele der Unterwasserpflanzen die im Wasser gelösten Karbonatverbindungen direkt verwerten können und so die Karbonate mittels Photosynthese zum Zellaufbau verwenden, kommt es in Schwimmteichen zur sogenannten „biogenen Entkalkung“. Das bedeutet, durch Pflanzenaktivität wird der Härtegrad des Wassers abgesenkt. Gleichzeitig kommt es damit aber auch zu einer Minderung der OH^--Ionen im Wasser, was zu einer Versauerung führt. Sauer reagierendes Wasser mobilisiert nun wiederum Kalkverbindungen aus den Substraten (die dort hoffentlich vorhanden sind), womit diese chemische Reaktion, das Lösen von Kalkverbindungen in das Wasser, wieder das „Nahrungsangebot“ für die Pflanzen verbessert. Damit wird deutlich, warum das Wasser eines „funktionierenden“ Schwimmteiches stets leicht im alkalischen Bereich liegen sollte, denn so ist sichergestellt, dass stets ausreichend Karbonat für die Pflanzen im Wasser zur Verfügung steht.

Schließlich muss noch auf eine leider oft vernachlässigte Komponente der Wasserzusammensetzung hingewiesen werden – gemeint sind Elemente wie Kalium, Eisen und Mangan.

Ist zum Beispiel zu wenig Kalium im Wasser vorhanden, werden die Photosynthese und somit das Pflanzenwachstum gehemmt. Eisen wiederum kann, je nachdem, in welcher Form es vorliegt, ein wichtiger Phosphatbinder sein, denn es geht – bestimmte Randbedingungen vorausgesetzt – mit diesem Nährstoff als sogenannter Apatit eine Bindung ein, die nicht mehr wasserlöslich ist, aber als Pflanzennährstoff im Bodengrund einen hervorragenden Wasserpflanzendünger darstellt. Auf diese Weise kann das auch in geringsten Spuren so gefürchtete Phosphat (Algenwachstum!) die Wasserpflanzen erreichen, ohne die Wasserqualität zu beeinträchtigen. Manganmangel wiederum hemmt die Photosynthese, Manganüberschuss kann sie fördern, aber damit auch unerwünschten Algenwuchs.

Welche Wasserwerte das Füllwasser bzw. das Schwimmteichwasser haben sollte, lässt sich nicht allgemein sagen, da örtlich vorhandene Randbedingungen, zum Beispiel das in den Teich eingebrachte Substrat, jegliche Aussagen relativieren würden. Die Internationale Gesellschaft für naturnahe Badegewässer (IGB) hat Orientierungswerte herausgegeben, die jedoch auch als solche und nicht als feststehende Norm betrachtet werden sollten (siehe Tab. 1).

Tab. 1. Richtwerte für im Wasser gelöste Stoffe bei „guter Badewasserqualität“ in Schwimmteichen (nach Seminarunterlagen der Internationalen Gesellschaft für naturnahe Badegewässer – IGB, verändert).

Parameter	Einheiten	Werte	Bemerkungen
pH-Wert		6,0 bis 8,8	Besser > 6,5
Redoxpotential	MV	> 250	Sinnvollerweise im Filter gemessen
Leitfähigkeit	µS/cm	200	
Sauerstoff (O_2)	mg/l	1 bis 12	Von Temperatur und Tageszeit abhängig
UV-Durchlässigkeit	1/m	3	
Säurekapazität	mmol/l	5 bis 8	
Karbonathärte	°dH	5 bis 10	
Hydrogenkarbonat (HCO_3)	mg/l	100 bis 200	
Gesamthärte	°dH	5 bis 10	
Kalzium (Ca)	mg/l	30 bis 50	1 °dH entspricht 7,14 mg/l Kalzium
Magnesium (Mg)	mg/l	5 bis 10	
Natrium (Na)	mg/l	0 bis 5	
Kalium (K)	mg/l	2 bis 5	
Eisen (Fe)	mg/l	0,1	Auf keinen Fall mehr!
Mangan (Mn)	mg/l	0,05	Auf keinen Fall mehr!
Gesamtphosphor (P)	mg/l	0,01	
Phosphor filtriert (P)	mg/l	0,005	
Ammonium (NH_4)	mg/l	0,01	Auch höher, wenn Pflanzenwuchs üppig
Nitrit (NO_2)	mg/l	0,01	Besser noch weniger
Nitrat (NO_3)	mg/l	0 bis 2	Auch höher, wenn Pflanzenwuchs üppig
Chloride (Cl_x)	mg/l	5	
Sulfat (SO_4)	mg/l	20	
TOC	mg/l	1,0	TOC = gesamter organischer Kohlenstoff
Trübung	TE/F	1	TE = Trübungseinheiten; F = Formazin

Vegetation und Tiere

Bei der Beurteilung der Vegetation rund um einen Schwimmteich sind im Wesentlichen zwei Kriterien zu prüfen: die Beschattung und der Eintrag von Nährstoffen. Wasserpflanzen brauchen Licht und Sonne. Unter den besonders wichtigen, unter Wasser wurzelnden Arten gibt es keine Schattenpflanzen. Folglich sollten mindestens zwei Drittel der Wasseroberfläche eines Schwimmteiches besonnt sein.

Da Bäume im Garten selbstverständlich einen großen ökologischen und ästhetischen Wert darstellen, muss bei der Bauplatzwahl für den Schwimmteich zwischen dem Wunsch nach einem Badegewässer und dem Schutz und Erhalt der Bäume gut abgewogen werden. Gegebenenfalls ist auch die jeweils örtlich geltende Baumschutzverordnung zu beachten.

Eine weitere Gefahr besteht durch Wurzeln im Untergrund. Schon bei der Platzierung der Grube muss daher die Ausdehnung des Traufbereiches der Bäume beachtet werden, es reicht nicht, lediglich Abstand vom Stamm zu halten. Eventuell beim Aushub der Baugrube beschädigte größere Wurzeln müssen fachgerecht behandelt, dass heißt abgeschnitten werden und die Schnittstelle ist zu versorgen.

Im Herbst besteht die Gefahr des unerwünschten Eintrages von Nährstoffen durch Laubfall. Zwar sind welke Blätter arm an Phosphat und Nitrat, doch auch eine übermäßige Einlagerung von organischem Kohlenstoff im Wasser durch Laubfall ist unerwünscht. Laubschutznetze, die bei allen Schwimmteichfirmen zu erwerben sind, schützen das Gewässer. Dabei ist immer auf

Bild groß: Wenn von Laubbäumen große Mengen Blätter in den Teich fallen können, müssen im Herbst Laubschutznetze aufgespannt werden.
Bild klein: Laubschutznetze müssen am Ufer gut befestigt und verspannt werden, damit sie das Gewicht des Laubes sicher halten.

Rahmendaten K 023

Baujahr: 2004
Größe: 150 m²
Badeteil: 50 m²
Reinigungsteil: 100 m²
Tiefe: 2,00 m
Technik: Solarpumpe, Pflanzenfilter
Ufergestaltung: Kiesufer
Bauliche Besonderheiten: Trennwände aus PE, langer Bachlauf
Planung: Bio Piscinas, Lda

die sachgerechte Verspannung der Netze zu achten, denn wenn viel Laub produziert wird, können erhebliche Gewichte zusammenkommen. Deshalb müssen die Laubfangnetze auch regelmäßig entleert werden. Die Seiten der Netze müssen so dicht über dem Boden abschließen, dass die Netze nicht von Vögeln unterflogen und somit zur Falle werden können. Auch darf nicht vergessen werden, die Laubschutznetze vor dem ersten Schneefall wieder abzunehmen.

Ein echter Problemfall unter den Gehölzen sind die zu Recht beliebten Nussbäume. Meist handelt es sich um *Juglans regia*, doch das Folgende gilt für alle Arten dieser Gattung: Ihre Blätter enthalten einen sehr hohen Anteil an Gerbsäuren. Diese Blätter sollten keinesfalls in größeren Mengen in das Wasser gelangen, da Gerbsäure als Gift im Wasser wirkt. Deshalb ist es ratsam, mit dem Schwimmteich deutlichen Abstand zu Walnussbäumen zu halten. In diesem Fall reicht es nicht aus, den Teich vor dem Eintrag der Nussbaumblätter mit einem Laubschutznetz zu sichern.

Folgende Tiergruppen sollten gezielt aus Badebiotopen ferngehalten werden: Fische, Wasservögel und Kleinsäuger. Fische haben in Schwimmteichen nichts zu suchen, da sie über ihren Kot bzw. über nicht verwertete Futterreste die Wasserqualität stark beeinträchtigen. Ähnliches gilt für Wasservögel, wobei diese meist von sich aus den Schwimmteich entdecken und dann mit geeigneten Mitteln so schnell wie möglich wieder vertrieben werden müssen. Zusätzlich zu den zu befürchtenden Schäden am Pflanzenbestand muss bei Wassergeflügel am Teich auch immer mit dem Einbringen von Salmonellen und anderen Krankheitserregern gerechnet werden. Gleiches gilt für Säuger wie Bisamratten, Nutria oder auch Ratten. Hier ist sofort zu handeln, am besten unter Beteiligung professioneller Schädlingsbekämpfer.

Für alle Gruppen von Insekten, Amphibien und Reptilien gilt, dass alle Arten willkommen sind, die von allein den Biotop Schwimmteich besiedeln. Am bekanntesten unter ihnen sind sicher die Libellen und Frösche.

Die Wunderwelt der Insekten ist am Schwimmteich in zahlreichen Arten vertreten: eine Blaugrüne Mosaikjungfer.

Ausnahmsweise einmal unter dem von den Menschen so geschätzten Aspekt der „Nützlichkeit" betrachtet, sorgen vor allem die sich im Wasser entwickelnden Larven der Libellen für einen mückenfreien Schwimmteich. Dazu tragen auch ganz erheblich die Rückenschwimmer und die Wasserläufer als Fressfeinde bei, zwei Artengruppen von Wanzen. Wanzen im Schwimmteich? Tatsächlich verbirgt sich in unserem Badegewässer so manches Lebewesen, von dem der Schwimmteichbesitzer vielleicht lieber nichts wissen will. Dies gilt sicher auch für eine andere Wasserwanzenart, den Wasserskorpion. Doch keine Sorge, all diese Insekten bevorzugen die Pflanzenbereiche des Naturbades und haben an Schwimmern überhaupt kein Interesse.

Von großem Nutzen sind auch alle Lurcharten, die einen besonderen gesetzlichen Schutz genießen. Deshalb dürfen sie keinesfalls in der Natur eingefangen und in den Schwimmteich gebracht werden. Dies ist auch nicht nötig, denn der noch weit verbreitete Wasserfrosch besiedelt neue Kleingewässer meist binnen kurzer Zeit. Der Nutzen für das System Schwimmteich besteht vor allem dann, wenn sich Frösche und Kröten hier fortpflanzen. Denn Kaulquappen fressen vor allem Detritus, also abgestorbene Reste organischen Ursprungs und weiden Algenrasen ab. Sind sie im Frühsommer bereit, als daumennagelgroße Junglurche das Landleben zu beginnen, wandern sie aus dem Schwimmteich ab und nehmen, alle zusammengenommen, einige Gramm an Phosphor aus dem System mit. Ein exzellenter Export dieses Algennährstoffes, den sich jeder Schwimmteichbesitzer nur wünschen kann. Deshalb sollte der Garten am Schwimmteich auch möglichst naturnah gestaltet sein, damit die Jungfrösche einen Unterschlupf finden. Es reicht schon aus, einen Baumstumpf an schattiger Stelle zu platzieren und mit einigen Farnen zu umpflanzen – dafür genügen ein bis zwei Quadratmeter. Ein Schwimmteich, der von Terrassen und breiten Rasenflächen umschlossen ist, wird wahrscheinlich kaum von Amphibien in größerer Zahl besiedelt werden.

Wo viele Frösche quaken, kann sich in naturbelassener Umgebung auch die Ringelnatter einstellen. Diese vollkommen harmlose Wassernatter mit ihrer gelben Halbmondzeichnung an den hinteren Kopfseiten ernährt sich hauptsächlich von Fröschen, Molchen und deren Larven. Auch sie wird die Deckung der Pflanzen im Reinigungsteil stets bevorzugen. Wer ihr jedoch dort auch noch einen gut besonnten Stein oder altes Wurzelholz bietet, kann auf das wunderbare Naturerlebnis hoffen, die Ringelnatter beim Sonnenbad zu beobachten.

Wassernattern sind nicht bei allen Schwimmteichnutzern beliebt. Allerdings gehören auch diese vollkommen harmlosen Schlangen zum Ökosystem Teich.

Es gibt immer wieder Versuche, auch von professionellen Schwimmteichanbietern, bestimmte Tierarten zur Biomanipulation in die künstlichen Badegewässer einzubringen. So beispielsweise geschehen mit der Schnauzenschnecke (*Bithynia tentaculata*), die nicht so leicht von räuberischen Libellen- und Wasserkäferlarven gefressen wird wie andere Schneckenarten, aber als Weidegänger auf Algenrasen geschätzt wird. Gegenüber derartigen Maßnahmen ist Skepsis geboten, zumal, wenn sie nicht von biologischen Studien begleitet worden sind. Als Argument bringen die Befürworter lediglich „positive Erfahrungen" ins Feld. Es besteht jedoch die Gefahr, dass hier mit Tierarten experimentiert wird, die möglicherweise aus den Schwimmteichen in die umgebenden natürlichen Biotope entweichen und dort als Neubürger erheblichen Schaden anrichten können. Deshalb sollte das Ausbringen von Tierarten in Schwimmteiche grundsätzlich unterbleiben.

Flächengröße und Nutzungsintensität

In Tabelle 2 sind die Empfehlungen der FLL (2006) zur Dimensionierung eines Schwimmteiches enthalten. Es wird deutlich, dass die Verfasser dieses Regelwerkes sogenannte Mehrkammersysteme favorisieren, was den Flächenbedarf pro Badegast betrifft. Allerdings muss betont werden, dass die Bautypen IV und V keinesfalls für den Selbstbau geeignet sind, sondern sich auf Schwimmteichsysteme einiger Hersteller beziehen, die zum Teil mit patentierten Filteranlagen arbeiten.

Typ 1 zeigt den naturnahen Schwimmteich, Typ 2 ebenfalls, jedoch mit Oberflächenströmung, zum Beispiel durch einen Skimmer. Bei diesen Schwimmteichtypen sollte der Aufbereitungsbereich mindestens die Hälfte, besser etwas mehr, der Wasserfläche ausmachen, welche die 100 m² nicht unterschreiten sollte. Sehr wichtig ist auch eine Wassertiefe von 2,00 m oder mehr, damit empfindliche Zooplanktonarten bei heißem Wetter kühle Wasserschichten am Teichgrund vorfinden.

Neben diesen FLL-Empfehlungen kann auch folgende Formel zur Berechnung der Größe benutzt werden: Pro regelmäßigem Badegast werden 10 m² Wasserfläche im Badeteil angesetzt (bei einer vierköpfigen Familie also 40 m²). Bei Schwimmteichen unter einer Gesamtgröße von 100 m² sollte der

Aufbereitungsteil mindestens eineinhalb Mal so groß sein wie der Badeteil. 40 m^2 Badeteil plus 60 m^2 Aufbereitungsteil ergeben 100 m^2 Schwimmteich des einfachsten Typs ohne Technik. Ganz wichtig ist bei dieser Minimumvariante, dass etwa 20 % der Gesamtfläche geeignete Wassertiefen (2,00 m) für Unterwasserpflanzen aufweist. Gut eingewachsen, stellen diese ein Volumen von fast 40 m^3 Unterwasserpflanzen, eine regelrechte „grüne Lunge“ für den

Tab. 2. Empfehlungen der FLL (2006) zur Dimensionierung eines Schwimmteiches

Schwimmteichtyp Merkmale	**Typ I** Einkammersystem ohne Technik	**Typ II** Einkammersystem mit Oberflächenströmung	**Typ III** Einkammersystem mit gezielt durchströmtem Aufbereitungsbereich	**Typ IV** Mehrkammersystem mit teilweise ausgelagertem, gezielt durchströmtem Aufbereitungsbereich	**Typ V** Mehrkammersystem mit komplett ausgelagertem, gezielt durchströmtem Aufbereitungsbereich
Ziel der Technik	–	Pflegeerleichterung	Verbesserung der Aufbereitung, Qualitätsoptimierung und Funktionsstabilisierung des Wassers, Pflegeerleichterung		
Aufbereitungsbereich – Regelausführung	nicht gezielt durchströmte Pflanzzone Freiwasser		(bepflanzte) gezielt durchströmte Filterzone und Freiwasser, ggf. nicht gezielt durchströmte Pflanzzone		(bepflanzte) gezielt durchströmte Filterzone Freiwasser und nicht gezielt durchströmte Pflanzzone
Funktionsweise, technische Ausstattung					
Hydraulik	natürliche Zirkulation	Oberflächenströmung	Oberflächenströmung und durchströmter Aufbereitungsbereich		
Wasserreinigung durch	Pflanzen, Zooplankton, Mikroorganismen	Pflanzen, Zooplankton, Mikroorganismen; zunehmende Unterstützung durch hydraulische/technische Einrichtungen			
Empfohlene Richtwerte für Mindestgrößen (für eine Familie mit 3 bis 4 Personen)[1)]					
Gesamtwasserflächenbedarf	≥ 120 m^2	≥ 100 m^2	≥ 80 m^2	≥ 60 m^2	≥ 50 m^2
davon Aufbereitungsbereich	≥ 60 %	≥ 50 %	≥ 40 %	≥ 40 %	≥ 30 %[2)]
Wassertiefe Nutzungsbereich	mindestens 65 % ≥ 2 m	mindestens 65 % ≥ 2 m	mindestens 60 % ≥ 2 m[3)]	mindestens 40 % ≥ 2 m	je nach Situation frei wählbar
Wartung der baulichen Anlagen und technischen Einrichtungen, Pflege der Vegetations- und Wasserflächen					
Wartung	zunehmender Aufwand				
Pflege	abnehmender Aufwand				

1) Es wird zu Grunde gelegt, dass von Typ III bis V die Aufbereitung intensiviert wird und damit die Größe des Aufbereitungsbereichs verkleinert werden kann. Abweichungen „nach unten“ sind zulässig, wenn die Funktionsfähigkeit der Anlage sichergestellt ist. Bei der Festlegung der Flächengröße für den Nutzungsbereich und der Wassertiefe sind – neben der vorgesehenen Nutzung – deren Einfluss auf Wassertemperatur, erforderliche Böschungswinkel und Reinigungsmöglichkeiten zu beachten. Wenn die Gesamtfläche kleiner ist als die angegebenen Werte, muss der Anteil des Aufbereitungsbereiches größer sein.

2) Wird dieser Mindestwert eingesetzt, sind erhöhte Anforderungen an den Aufbereitungsbereich bzw. die gesamte Technik gestellt.

3) Bei entsprechendem technischem Aufwand (z.B. optimierter Oberflächenabsaugung) reduzierbar auf mindestens 40 %.

Schwimmteiche werden nach ihrer Benutzerzahl dimensioniert.

Teich. So ist gewährleistet, dass bei diesem Schwimmteichtyp genügend Sauerstoff im System produziert wird und eine ausreichend große Blattmasse zur Aufnahme von Nährstoffen bereitsteht.

Wer eine Mindestgröße von 100 m^2 im Garten nicht zur Verfügung hat, muss nicht etwa auf einen Schwimmteich verzichten. Bei kleineren Bauvarianten ist aber dringend angeraten, einen Fachplaner mit der Dimensionierung zu beauftragen oder einen Schwimmteichtyp der Kategorie III oder IV (siehe Tab. 2) von einem Systemanbieter planen und bauen zu lassen. Alle Erfahrung zeigt, dass bei sehr kleinen Schwimmteichen den eingesetzten Filtersystemen eine große Bedeutung zukommt; entsprechend wichtig wird ihr ständig einwandfreier Betrieb, der nur bei korrekter Planung und Bauausführung sowie regelmäßiger Wartung gewährleistet ist.

Technische Voraussetzungen für Badeteiche

Die Abdichtung zum geologischen Untergrund mit Kunststofffolie sowie die Trennung von Bade- und Reinigungsteil sind die Hauptmerkmale von Schwimmteichen. Darüber hinaus sind aber noch weitere technische Aspekte zu bedenken.

Trennung von Bade- und Reinigungsbereich

Die Einteilung des Badegewässers in einen Bade- und einen Reinigungsteil ist das hervorstechendste Merkmal eines Schwimmteiches. Diese Trennung kann im Extremfall dazu führen, dass Badebecken und Reinigungsteil zwei vollkommen getrennte Wasserkörper darstellen, die mittels einer Gefälleleitung oder eines Bachlaufes und einer Pumpleitung miteinander verbunden sind.

Diese Bauweise ist bei öffentlichen Schwimmteichen weit verbreitet, im Privatbereich jedoch eher selten, da der Flächenbedarf für zwei Wasserkörper größer ist als bei der integrierten Lösung.

Warum trennen wir Bade- und Reinigungsbereich? Viele denken, dies geschehe, um die Badenden vor der Berührung mit den Unterwasserpflanzen zu bewahren, gewissermaßen als Schutz vor „Schlingpflanzen“. Aber eigentlich ist es umgekehrt, die Trennung dient zum Schutz der Pflanzen vor den Schwimmern. Da die Pflanzen als Sauerstoffproduzenten im System Schwimmteich eine wichtige Rolle spielen, sollten sie ungestört und unbeschädigt ihrer Aufgabe im Reinigungsprozess nachkommen können. Der Badebetrieb bringt immer eine mehr oder weniger starke Wasserbewegung mit sich, die bei einem relativ kleinen Gewässer, wie Schwimmteiche sie darstellen, durchaus eine ernsthafte Störung für die Pflanzen sein kann. Schon die Grundwelle eines ruhigen Schwimmers könnte am Bodengrund des Pflanzenteils Sedimente aufwirbeln, die das biologische Geschehen dort beeinträchtigen würden.

Die in Mitteleuropa häufigste Form der Abtrennung von Bade- und Reinigungsbereich ist eine Art untergetauchte „Mauer“ aus Materialien wie kiesgefüllten Teichsäcken, Holzbalken oder Felsen, die zwischen Pflanzen- und Badeteil platziert werden. Uferseits befindet sich eine flachere Wasserzone für die Pflanzen (50 bis 70 cm), teichseits ein tiefer Badebereich (1,60 m oder besser noch tiefer), der umlaufend auf diese Weise von den Pflanzenbereichen abgetrennt wird. Hinter dieser „Mauer“ wird das für die Pflanzen aufgeschüttete Substrat zurückgehalten, sodass es nicht in den Badeteil abrutschen oder abschwemmen kann. Gebaut werden kann diese Begrenzung aus aufeinandergelegten Reihen von Teichsäcken, in einer Holzbohlenkonstruktion, mittels Steinmauern oder aneinandergelegten Natursteinquadern. Ein Vorteil dieser Bauweise besteht darin, dass größere Mengen an Aushubmaterial nur in der Teichmitte, also bei der Gestaltung des Badeteils anfallen, da

Die Abgrenzung des Reinigungsteiles mit Teichsäcken ist eine weitverbreitete Konstruktionsmethode.

Rahmendaten

Baujahr: 2001
Größe: ca. 100 m^2
Badeteil: ca. 50 m^2
Reinigungsteil: ca. 50 m^2
Tiefe: Badeteil bis 2,20 m, Reinigungsteil bis 1,20 m
Technik: zwei kleine Rundskimmer
Ufergestaltung: Teichrand mit PE-Kunststoffbahn oder Betonrandsteinen
Bauliche Besonderheiten: Einkammersystem mit Teichsäcken
Firma: Teich & Garten, Carsten Schmidt

für alle umlaufenden, relativ flachen Ufer wenig Baggeraufwand nötig ist. Ein Nachteil kann, vor allem in südlichen Gefilden und bei heißen Sommern, das extrem flache Wasser im Pflanzenteil sein. Für viele Laichkrautarten und Seerosen wären Wassertiefen von mindestens 1,20 m besser.

Ganz neu auf dem Markt sind Trennwände aus Holzkästen (BELLvital), die durch Befüllen ineinandereinrasten und mit Filtersubstrat befüllt und so stabilisiert werden. In der Schweiz baut Heinz Meier (Natura-Pool) Trennwände aus Gabionen, also mit Steinen gefüllten Gitterkörben.

Die Trennwand wird in Gegenden mit langen heißen Sommern und viel Sonnenlicht besser in Tiefen um die 2,00 m eingebaut. Dadurch stehen ausgedehnte Tiefenzonen für Unterwasser- und Schwimmblattpflanzen zur Verfügung. Erforderlich wird eine andere Bauweise zur Abtrennung. Neben Unterwassermauern, die bis etwa 50 cm unter den Wasserspiegel reichen und mit Folie verkleidet sind, gibt es bei manchen Schwimmteichanbietern auch Fertigelemente aus Recycling-Kunststoffen oder Holztrennwände, die als Unterbau der Wand dienen, die ebenfalls mit Folie überzogen wird.

Eine von den Autoren dieses Buches entwickelte Bauweise sind Folienwände mit röhrenförmigen Schwimmkörpern, die ebenfalls 50 cm unter der Wasseroberfläche enden und nicht nur den Vorteil haben, dass sie rund um den Badeteil eine bequeme Sitzbank bieten, sondern auch besonders wenig Platz beanspruchen.

Abdichtung

Ohne eine zuverlässige Abdichtung geht im Schwimmteichbau gar nichts. In der Regel werden Kunststoffbahnen eingesetzt, die sich untereinander vor allem in der chemischen Zusammensetzung und in ihrer Flexibilität unterscheiden.

Teichfolie aus PVC ist das preiswerteste Abdichtungsmaterial.

Kunststoffbahnen

Die Abdichtung der privaten Schwimmteiche erfolgt in der Regel mit Kunststoffdichtungsbahnen. Sie muss so beschaffen sein, dass sie nicht durchwurzelt werden kann, außerdem muss sie chemisch und biologisch beständig sein. Das bedeutet, dass sie keine Stoffe an das Wasser abgeben darf, denn die biologischen Abläufe im Teich sowie die Gesundheit der Nutzer dürfen durch das Abdichtungsmaterial nicht gefährdet werden. Zur Abdichtung sollte die FLL-Richtlinie „Empfehlungen für Planung, Bau und Instandhaltung von Abdichtungssystemen für Gewässer im Garten-, Landschafts- und Sportplatzbau“ zu Rate gezogen werden.

Ein weniger verbreitetes Verfahren ist der Einsatz von Glasfaserverstärkten Kunststoffen (GFK). Für Teilbereiche, zum Beispiel Terrassenanschlüsse, kommt auch die Betonbauweise zum Einsatz. Neben den unterschiedlichen technischen Eigenschaften der Dichtungsmaterialien muss aber auch auf die verschiedenen gestalterischen Möglichkeiten geachtet werden. Die gängigste Abdichtungstechnik ist die „Teichfolie“, also die Abdichtung mit Kunststoffbahnen. Dabei sind vier Materialtypen zu unterscheiden:

- Polyvinylchlorid (PVC),
- Polyethylen (PE),
- Kautschukfolien (EPDM) und
- Polioleofine (FPO).

Kautschukfolie (EPDM) kann nicht vor Ort verschweist werden, sondern wird im Werk maßgeschneidert vorgefertigt.

PVC-Folien sind am preisgünstigsten und am leichtesten zu verlegen. Sie sind in vielen Farben erhältlich und werden in Bahnen geliefert, die in der Teichgrube mit Quellschweißmitteln verbunden werden. Dazu werden die Überlappungsflächen angelöst und gleichzeitig mit einer Andruckrolle angedrückt. Wie bei allen Folienarbeiten muss trocken und staubfrei gearbeitet werden. Die Klebearbeiten sollten bei Temperaturen von mehr als 5 °C stattfinden.

Heutige Qualitäts-PVC-Folien sind lediglich in der Entsorgung aufgrund ihrer chemischen Inhaltsstoffe ein Umweltproblem. Da Quellschweißmittel Lösungsmittel sind, ist darauf zu achten, dass die bei den Klebearbeiten auftretenden Dämpfe nicht eingeatmet werden.

Eindeutig umweltfreundlicher sind Folien aus Polyethylen. Sie werden als LDPE („low dense" PE) und als HDPE („high dense" PE) angeboten. Letzteres Material ist steifer, lediglich in schwarz erhältlich und kann nur von speziell geschultem Personal verarbeitet werden. Es wird vor Ort maschinell im Heißkeilverfahren verarbeitet. Dabei erfolgt die Plastifizierung der Überlappungsflächen durch einen elektrisch geheizten Metallkeil. Alternativ können die Folienstücke auch mit Industrieföhnen aneinandergeheftet und anschließend per Extrusionsschweißen fest verbunden werden. Bei diesem, ebenfalls nur von Spezialisten auszuführenden Verfahren wird ein PE-Faden über der erhitzten Nahtstelle eingeschmolzen und gleichzeitig angedrückt.

Aufgrund ihrer relativ geringen Stärke von meist nur 1 mm sind die LDPE-Folien kaum mit den beschriebenen Schweißverfahren zu bearbeiten und werden in der Regel in einem Stück geliefert, um die Teichgrube vollkommen abzudecken. Dabei müssen allerdings mehr Falten in Kauf genommen werden als bei maßgefertigten Abdichtungen.

Diese Methode gilt auch für die Kautschukfolien (EPDM), da sie nur durch Vulkanisierung dicht aneinanderzufügen sind, was im Werk geschehen muss. Manche Hersteller bieten auch vorkonfektionierte Klebestreifen oder Klebebänder zum Zusammensetzen der Folienbahnen vor Ort an. Diese Verfahren sind allerdings stark von der Qualität dieser Klebemittel und vor allem von der Sorgfalt und Sauberkeit der Verarbeitung vor Ort abhängig. Was beispielsweise bei den flachen und geometrischen Formen einer Dachabdichtung noch möglich sein mag, kommt bei den organischen Formen der Schwimmteichgrube schnell an ihre Grenzen, sodass vor Ort verklebt werden muss und die Dichtigkeit nicht immer garantiert werden kann. Daher sollte sich der Einsatz dieser Klebeverfahren auf Rohrdurchlässe und andere kleinflächig abzudichtende Verbindungsteile beschränken.

Um diesen Nachteil der EPDM-Folien auszugleichen, gibt es inzwischen Betriebe, die diesen Folientyp nach Maßangaben von der Baustelle im Werk vorkonfektionieren. Dadurch werden die nur in schwarz erhältlichen, sehr flexiblen EPDM-Folien auch interessant für den Schwimmteich-Selbstbau. Bei diesem Material, wie auch bei den anderen gilt, dass recht große Preisunterschiede am Markt anzutreffen sind. Dabei ist nicht immer das teuerste auch das beste Material. Es ist deshalb ratsam, seine Kaufentscheidung erst nach einer Beratung durch einen Fachbetrieb zu treffen bzw. die Folie bei einem Unternehmen zu bestellen, das über jahrelange Erfahrung mit dem Folienprodukt verfügt.

Der neueste Folientyp sind die sogenannten FPO-Folien. Sie vereinen in Verarbeitung, Farbe und Flexibilität die Vorteile der PVC-Folien mit der

Umweltfreundlichkeit der PE-Folien. Für Schwimmteiche gibt es speziell entwickelte Produkte, gewebeverstärkt, oberseits grün, unterseits schwarz und 1,3 oder 1,5 mm stark. FPO-Folien sind etwas teurer als PVC-Folien und werden mit Industrieföhnen oder Schweißautomaten zusammengefügt.

Bei PVC- und FPO-Folien gibt es eine Reihe von Spezialfolien mit stark strukturierter Oberfläche. Sie werden zum Beispiel in flach abfallenden Strandeingängen oder als Rutschstopper auf Treppenstufen eingesetzt.

Sowohl für die genannten als auch für PE-Folien stehen Spezialelemente zur Anbindung von Folie an Betonteile zur Verfügung. Dies sind entweder folienbeschichtete Aluminiumelemente oder PE-Formschienen, welche schon beim Betonieren rückseits an die Schalungsbretter angebracht werden. Nach dem Aushärten des Betons erscheint so ein PE-Streifen im Betonbauteil, an den die PE-Folie wasserdicht angeschweißt werden kann.

Betonbauweise

Schwimmteiche werden wohl aufgrund des sehr großen baulichen und finanziellen Aufwandes nur in seltenen Fällen komplett mit Beton abgedichtet. Allerdings kommt Beton überall dort zum Einsatz, wo Stützmauern errichtet, Fundamente vorgesehen oder alte Schwimmbecken in den Schwimmteich integriert werden sollen, bzw., wenn aus statischen Gründen keine andere Möglichkeit in Frage kommt.

Während alle mit Erd- und/oder Wasserdruck belasteten Teile aus Stahlbeton (WU C 25/30) errichtet werden sollten, können nicht stark belastete Bauteile auch aus mit Mörtel gefüllten Betonblocksteinen gemauert werden. Ist vorgesehen, dass Betonteile direkt mit dem Teichwasser in Kontakt kommen, sind dem Beton abdichtende Zuschlagsstoffe beizufügen. Diese Bauweise erlaubt den Einsatz von Natursteinen, zum Beispiel zur Verblendung der Betonteile. Dabei ist unbedingt darauf zu achten, dass der eingesetzte Naturstein wasser- und frostbeständig ist. Zu empfehlen sind also nur harte Ergussgesteine, beispielsweise Granit.

Glasfaserverstärkte Kunststoffe (GFK)

Eine weitere Möglichkeit zur Abdichtung von Schwimmteichen bieten Glasfaserverstärkte Kunststoffe (GFK) (siehe „Abdichtung mit GFK“, Seite 127). Alle Formen der Teichabdichtung haben das Ziel, zu 100 % den Wasser- und Gasaustausch zwischen Boden und Wasser zu verhindern. Ist im Uferbereich das Dichtungsmaterial korrekt verarbeitet, das heißt besteht eine gut funktionierende Kapillarsperre zwischen Land und Wasser, ist für die Konstruktion des Badegewässers ein wichtiger Schritt getan.

Für die Uferpflanzen ergibt sich aber ein Problem. Denn eigentlich bevorzugen viele Arten dieser Zone in der Natur unterschiedliche, und zwar meist jahreszeitlich wechselnde Bodenwasserstände. Wie man mit dieser Benachteiligung der Uferpflanzen gestalterisch umgehen sollte und wie die einzelnen Arten damit zurechtkommen, wird in den weiteren Kapiteln dieses Buches erklärt.

Wenn wir den am Ort vorhandenen Boden durch die Abdichtung ausgrenzen, müssen wir den Ufer- und Wasserpflanzen einen neuen Bodengrund anbieten. Dieser gewissermaßen durch die technische Abdichtung erzwungene Aufwand bringt es mit sich, den Pflanzen durch das Einbringen eines optimalen Pflanzsubstrates bestmögliche Voraussetzungen für ein gutes Gedeihen zu schaffen.

Details für die Randausbildung

Bei der Gestaltung der Ufer, dem Übergang zwischen Wasser und Land, liefert zunächst wieder die Natur das Vorbild. Natürliche Gewässer haben in der Regel flach auslaufende Ufer. Steilufer sind eher selten. Dennoch haben wir es im Schwimmteichbau oft mit Steilufern zu tun, nämlich dann, wenn die Terrasse direkt an den Badebereich grenzt, also kein Steg den Pflanzenteil überbrückt.

Die Steilheit der Uferbank des Pflanzenteils im Schwimmteich ist abhängig vom Untergrund des Bauplatzes – Sand bedingt einen flacheren Schüttwinkel als beispielsweise toniger Boden. Auch kann die Flexibilität des gewählten Dichtungsmaterials technische Grenzen setzen, so lässt sich zum Beispiel eine EPDM-Folie leichter in mehrstufige Uferbänke schmiegen als eine Abdichtung aus dem relativ steifen HDPE. Grenzt möglicherweise ein Pflanzenfilter mit seinem tief reichenden Substratkörper direkt ans Ufer, muss auch eine Randausbildung gewählt werden, welche die zwei entscheidenden Bedingungen erfüllt: gestalterisch und technisch einwandfrei zu funktionieren sowie eine nachhaltige Sperrung kapillarer Verluste zu gewährleisten.

Unter einer Kapillarsperre versteht man die Unterbrechung eines „schleichenden" Wasserverlustes über die Oberkante des Dichtungsmaterials hinaus. Der ebenfalls gebräuchliche Begriff des Dochteffektes erklärt schon ein wenig, was Kapillarsperre meint: Aufgrund der molekularen Eigenschaften des Wassers, des Anhaftens von H_2O-Brücken zu größeren Verbänden und der Oberflächenspannung, ist Wasser in der Lage, in kapillaren Räumen aufzusteigen, also im Zwischenraum zwischen Sandkörnern oder Pflanzenfasern. Um den Schwimmteich davor zu schützen, ist die wichtigste Maßnahme gegen diesen diffusen Wasserverlust der Luftanschluss der Oberkante des Dichtungsmaterials.

Ein leider sehr verbreiteter Irrtum bei der Randgestaltung ist die sogenannte Verankerung der Folie durch Eingraben in einen umlaufenden Wall. Diese Form der Ufergestaltung kann keine Kapillarsperre bilden, im Gegenteil, kapillarer Wasserverlust wird sozusagen eingebaut.

Korrekt ist es, das äußerste Ende des Dichtungsmaterials auf einer Höhe von mindestens 20 cm im Winkel von 90° zum Wasserspiegel nach oben zu führen. Wasser- und landseits stützt grober Kies den Folienrand. Die Oberkante der Folie sollte mindestens 10 cm oberhalb des Maximalwasserstandes enden und kann mit grobem Kies überschüttet werden. Dies ist eine einfache Lösung zur Randgestaltung, die landseits auch noch eine kleine Dränagewirkung durch den groben Kies für eventuell bis hierher gelangtes Regenwasser enthält. Sollte das Ufer landseits durch zulaufendes Regenwasser gefährdet sein, kann die Kiesschüttung mit Hilfe eines untergelegten Geovlieses und eines eingebauten flexiblen Dränrohres zu einer Randdränage erweitert werden.

Von dieser einfachsten Form der Randausbildung gibt es zahlreiche Varianten, die vor allem durch die land- und wasserseits gewählten Materialien bestimmt werden. So ist es denkbar, die Folienkante zwischen Felsen vertikal hochzuführen. Oder Steinplatten sind zu einer kleinen Ufermauer aufge-

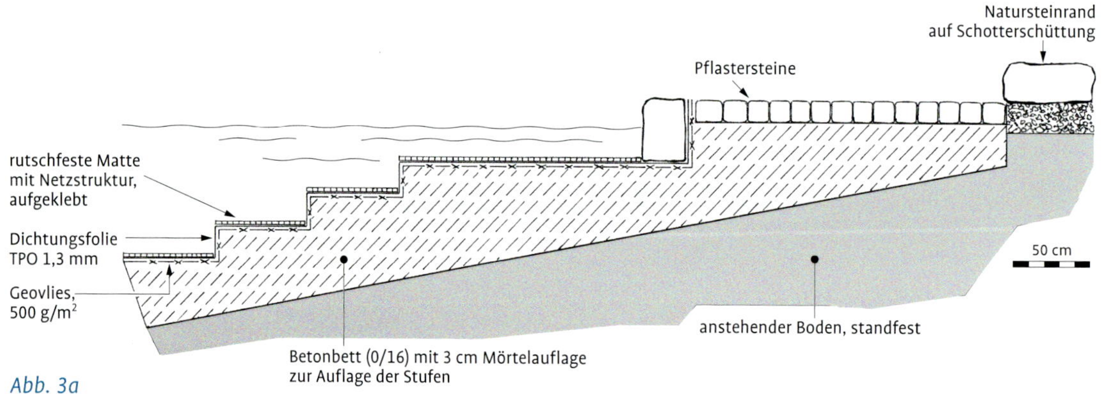

Abb. 3a

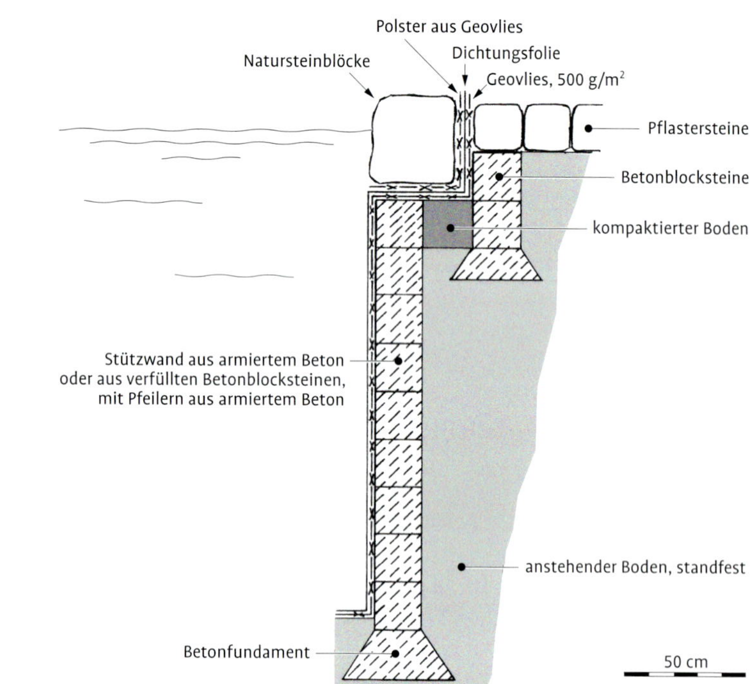

Abb. 3b

Abb. 3.

Das Ufer eines Schwimmteiches kann je nach Funktion ganz unterschiedlich gestaltet sein:

a) Eingangsstufen eines Treppeneingangs werden auf einer mit Folie abgedichteten Rampe aufgebaut.

b) Beckenartige Ränder wirken natürlicher, wenn die Mauer von einem Natursteinblock abgeschlossen wird. Die Kapillarsperre der Folie verläuft dahinter.

c) Der weitaus größte Uferabschnitt wird als Pflanzenufer gestaltet, wobei die Folie zwischen Pflanzensubstrat wasserseits und einem umlaufenden Weg landseits vertikal hochgezogen wird. Alternativ kann hier auch ein Teichrand aus festem, 2 mm starken HDPE eingesetzt werden, über den die Abdichtungsfolie herübergezogen wird.

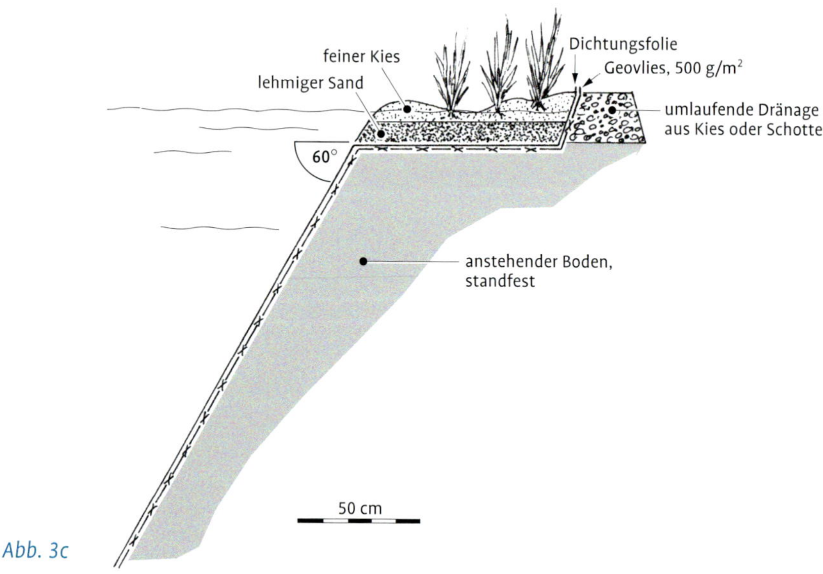

Abb. 3c

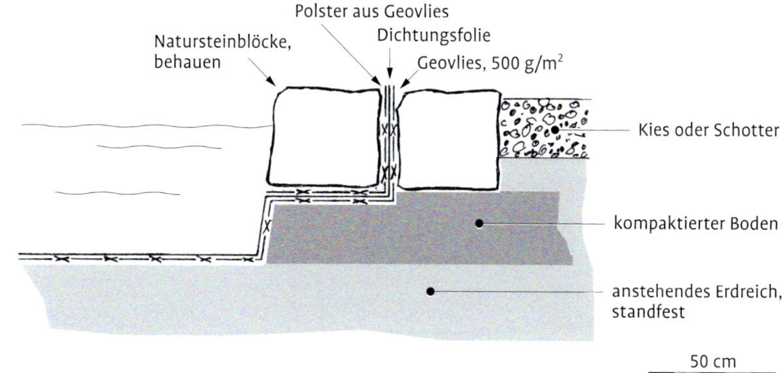

Abb. 3d

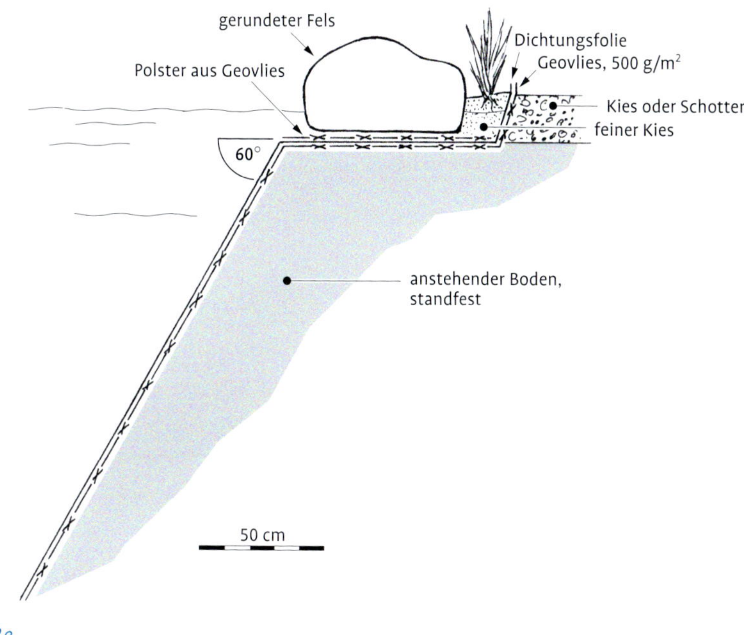

Abb. 3e

Abb. 3.

d) Werden schwere Natursteine am Ufer platziert, muss die Dichtungsfolie mit zusätzlichen Geovlieslagen geschützt werden. Bei besonders großen Felsen ist zuvor ein Fundament unter der Uferkante zu errichten.

e) Ist ein Ufer mit Natursteinrand vorgesehen, sind Steine oder Quader sowohl im als auch außerhalb des Wassers zu setzen, zwischen denen der hochgezogene Folienrand verkeilt wird.

f) Sind überflutete Filterbereiche zu errichten, können diese randlich zu Tiefwasserzonen mit schotterbefüllten Teichsäcken aus Geovlies abgegrenzt werden. So entsteht eine stabile kleine Mauer, die direkt auf der Folie aufgesetzt werden kann und verhindert, dass das Substrat abrutscht.

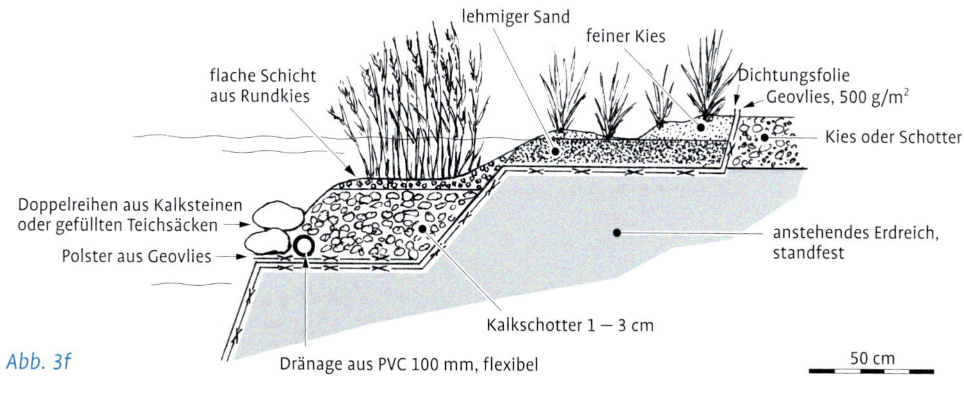

Abb. 3f

Bild links: Mit Hilfe eines Teichrandes aus 3 mm starkem Polyethylenstreifen kann das Niveau rund um den Teich ganz genau definiert werden. In der Regel liegt die Oberkante des Teichrandes etwa 10 cm über dem Maximalwasserstand.

Bild rechts: Die Folienbauweise erlaubt auch komplizierter aufgebaute Ufer. In diesem Beispiel wurde ein Beckenrand nachempfunden. Die Folie verläuft hier hinter der Granitstein-Verkleidung.

Eine solche Randgestaltung mit einer Blocksteinreihe ermöglicht eine Trennung zwischen Rasen und Teich, die leicht zu pflegen ist.

schichtet und verdecken so den Folienrand. Gemeinsam haben alle diese Gestaltungslösungen, dass durch den Luftanschluss der Dichtungsmaterial-Oberkante eine Sperre gegen kapillaren Wasserverlust gegeben ist.

Viele Profi-Teichbauer setzen einen sogenannten Teichrand, eine Kapillarsperre aus PE, ein. Das ist ein etwa 15 cm hoher Folienstreifen, der jeweils im Abstand von 1,00 m so an kurzen Pflöcken verschraubt wird, dass die Oberkante überall niveaugleich im Gelände liegt. Die flexible Abdichtungsfolie (PVC, FPO, EPDM) wird über diesen Rand aus Polyethylen gezogen. Aufgrund der leichten Handhabbarkeit des Teichrandes und dem dadurch möglichen genauen Arbeiten ist dieser auch für den Schwimmteich-Selbstbauer sehr zu empfehlen. Weitere Ausführungen zum Thema „Abdichtung“ siehe auch unter „Substrate und Dichtungsmaterialien“, ab Seite 124.

Substrate

In pflanzenreichen, sauberen natürlichen Gewässern stehen üppigste Pflanzenbestände auf einem lockeren Grobsand, der seinerseits auf tonigen Schichten des geologischen Seegrundes aufliegt. Ein nicht zu feiner Sand und die Anwesenheit von Tonmineralen sind damit als wichtigste Komponenten eines gut geeigneten Wasserpflanzenbodens zu nennen.

Bereits vor 70 Jahren konnten Studien des Bodengrundes natürlicher Gewässer in England belegen, dass die für das Pflanzenwachstum günstigsten und somit auch in Schwimmteichen anzustrebenden Unterwasserböden folgende Eigenschaften haben: Sie sind reich an Kalzium, ihr organischer Gehalt (Humus) liegt zwischen 15 und 20 % Trockengewicht, jedoch ohne dass dabei austauschbare Fe^{3+}- und H^{-}-Ionen Extremwerte erreichen. Wichtig ist auch ein Kohlenstoff-Stickstoff-Verhältnis zwischen 5 und 15. Phosphor darf im Substrat nicht vorhanden sein, da sonst ein Algenwachstum vorprogrammiert wäre.

Wenn professionelle Schwimmteichanbieter mit Spezialerden oder einem speziellen Pflanzensubstrat für ihre Projekte werben, handelt es sich meist um ein Gemisch aus Untergrundton, etwas Schwarz- oder Weißtorf und einem organischen Dünger nebst einer schwachen Aufkalkung. Die besten dieser Mischungen kommen, soweit sie phosphatfrei sind, dem in der Natur vorhandenen Substrat guter Wasserpflanzenbestände durchaus nahe.

Im Schwimmteichbau wird häufig eine bestimmte Gruppe von Tonmineralen angepriesen, die Zeolithe. Diese haben ionentauschende Eigenschaften. Das heißt, dass durch sie im Wasser vorhandene Kationen gebunden werden, so zum Beispiel auch Nitrat. Ein nicht immer gewünschter Effekt, denn Nitrat ist ein wichtiger Pflanzennährstoff.

Die Zeolithe binden jedoch die unerwünschten Phosphate nicht, denn diese sind Anionen. Um dies zu erreichen, kann Eisen(III)hydroxid als Zuschlagstoff für den Bodengrund oder, noch besser, im Filter eingesetzt werden. Phosphat-, aber auch Sulfid-Ionen werden adsorptiv an die Oberfläche der Eisen(III)hydroxid-Körnchen gebunden. In einem zweiten Schritt kommt es dann zur Eisenphosphatbildung. Auf diese Weise wird Phosphat dem Wasser entzogen und steht als pflanzenverfügbarer Nährstoff nicht mehr zur Verfügung.

Zeolithe sind Tonminerale, die besonders große Oberflächen aufweisen und in einer Körnung von etwa 1 bis 3 mm gehandelt werden.

Die meisten Schwimmteiche weisen Kiesufer auf. Bei der Auswahl der Substrate werden lokale Gesteine bevorzugt, die dann sowohl im Wasser als auch im umgebenden Garten eingesetzt werden, um einen harmonischen Gesamteindruck zu erzeugen.

Rahmendaten

Baujahr: 2006
Größe: 320 m^2
Badeteil: 160 m^2
Reinigungsteil: 160 m^2
Tiefe: 1,50 bis 2,00 m
Technik: Solarpumpe, Pflanzenfilter
Ufergestaltung: Strandeingang, Kiesufer mit Felsen
Planung: Bio Piscinas, Lda

Für die Stoffbindung in Filterkörpern von Schwimmteichen oder gar im Bodensubstrat werden verschiedene Lösungen angeboten. Diese sind im Abschnitt „Filtersubstrate“ auf Seite 124 beschrieben.

Stege und Einstiege

In das Wasser wollen wir immer, also sollte kein Schwimmteich ohne Steg oder eine andere Form des Einstieges auskommen. Geradezu klassisch ist der Holzsteg mit Leiter, der den Pflanzenteil überbrückt, um den zentral liegenden Schwimmteil zu erreichen. Solch ein Steg bietet auch exzellente Beobachtungsmöglichkeiten für alles, was im Reinigungsteil kreucht und fleucht.

Alle Holzeinbauten, egal ob nun im oder nur am Wasser, sollten aus Lärchenholz gefertigt sein. Diese Nadelholzart hat sich überall als das geeignetste und preisgünstigste Baumaterial durchgesetzt. Aufgrund seines vergleichsweise hohen Harzgehaltes ist es widerstandsfähig gegen Witterungs- und Wassereinflüsse. Das im abgelagerten Zustand helle, leicht rötliche Holz vergraut allerdings nach einigen Wochen.

Wer dieses natürliche Vergrauen vermeiden möchte, kann dies ausschließlich mit sogenannten Terrassenölen tun. Dabei empfiehlt es sich, nur Anstrichmittel von Natur- und Pflanzenfarbenherstellern einzusetzen, da sie frei von giftigen Wirkstoffen sind, die das Leben im Teich gefährden könnten. Nach vollständigem Trocknen gelten diese Anstriche als unbedenklich. Produkte nach DIN 53160 sind speichel- und schweißecht (wie Kinderspielzeug) und besitzen die niedrigste Wassergefährdungsklasse 1. In jedem Falle ist es unbedingt notwendig, die Angaben des Herstellers auf der Packung zu beachten, denn auch umweltfreundliche Mittel können gesundheitsschädigende Wirkung haben.

Von den heimischen Harthölzern könnten eventuell noch Eiche und speziell behandelte, sogenannte Thermo-Buche, zum Einsatz kommen. Während gegen Eiche Preis und Verfügbarkeit am Markt sprechen, gibt es für die Thermo-Buche bislang wenig Erfahrung im Wasserbau. Nach Angaben des österreichischen Herstellers könnte sie aber eine Alternative zu Lärchenholz darstellen. Tropenholz ist keine Alternative. Mit einer Ausnahme: Holz der

Durch eine geriffelte Oberfläche der Holzplanken wird die Rutschgefahr gemindert. Abstände von etwa 1 cm zwischen den Planken lassen das Regenwasser abfließen.

Qualität Bankirai mit dem FSC-Siegel (Forest Stewardship Council). Es ist aber härter und auch teurer als Lärche.

Verarbeitet wird Holz, gleich welcher Art, ausschließlich mit Schrauben aus rostfreiem Edelstahl. Dies gilt auch für Holzbeläge im Umkreis des Schwimmteiches, also überall dort, wo barfuß gelaufen wird.

Ein Steg besteht aus einem Holzständerwerk (mindestens 8er Balken), Holzrosten oder Latten (Mindeststärke 3,5 cm) für die Stegplattform sowie einer Leiter. Alle begehbaren Flächen müssen mit rutschfesten Oberflächen ausgeführt sein. Zwischen den Planken/Latten sollen Abstände von 1 cm für das Abfließen von Regenwasser und eine gute Belüftung des Holzes sorgen.

Die Last von Steg und Benutzern wird mit Punkt- oder Bandfundamenten land- und wasserseits abgefangen. Diese können unter der Folie liegen. Es ist aber auch möglich, dass die Folie die Stegpfeiler bis 10 cm über dem Maximalwasserstand ummantelt.

Eine weitere Alternative zum Einsteigen sind Schwimmbadleitern aus Edelstahl. Allerdings können sie nur dort eingesetzt werden, wo der Badeteil mit einer Steilwand oder Mauer direkt an das Ufer grenzt, zum Beispiel an einer Terrasse. Beim Einsatz dieser Leitern muss darauf geachtet werden, dass viele Modelle nicht nur landseits, sondern auch im Wasser an der Wand festgeschraubt werden müssen. Dies ist beim Folienbau rechtzeitig zu berücksichtigen, weil diese Leitern nicht nachträglich eingebaut werden können. Metallleitern sollten aus Sicherheitsgründen immer geerdet werden.

Ein Strandeingang mit feinem Kies bietet auch Platz zum Spielen im Wasser.

Rahmendaten

Baujahr: 2002
Größe: ca. 500 m²
Badeteil: ca. 250 m²
Reinigungsteil: ca. 250 m²
Tiefe: Badeteil bis 2,50 m, Reinigungsteil bis 1,30 m
Technik: zwei große Rundskimmer, Wasserrückführung über Wasserfall/Quellstein, keine Filtertechnik, zwei Umwälzpumpen je 10 m³/h, Betrieb nach Bedarf
Ufergestaltung: Teichrand mit PE-Kunststoffbahn oder Betonrandsteinen
Bauliche Besonderheiten: Abtrennung mit Teichsäcken
Firma: Teich & Garten, Carsten Schmidt

Beliebt als Einstiege in den Schwimmteich sind auch sogenannte Strandeingänge, also als Rampe ausgeführte Flachwasserbereiche, über die man ins Tiefere gelangt. Hier stellt sich vor allem die Frage des Bodenbelages. Einige Folienhersteller bieten speziell genoppte Folien an, die den wichtigen Rutschwiderstand aufweisen. Eine andere Möglichkeit, das Ausgleiten im flachen Wasser zu verhindern, ist das Aufsetzen von weitmaschigen Kunststoffmatten (ähnlich den Fußabtretern). Diese werden auf die Dichtungsfolie geklebt bzw. ausgelegt, wenn sie schwer genug sind. Darauf kommt eine dünne Kiesschicht, welche die Maschen gut ausfüllt und die Matte nur knapp überdeckt. So verrutschen die Kiesel beim Betreten nicht so leicht und auch bei leichter Neigung des Rampeneinstieges rutscht kein Kies ins tiefere Wasser.

Als Einstieg denkbar sind auch gemauerte Treppen. Diese werden in der Regel auf die Folie aufgesetzt. So vermeidet man das Problem der dichten Verbindung von Folie und Treppenbaumaterial. Relativ rutschsicher unter Wasser sind Oberflächen aus gebrochenem oder behauenem Granit. Hier ist allerdings sehr sorgfältig auf das Glätten der Bruchkanten zu achten, da diese scharf wie Glas schneiden könnten. Als Baustoff wird Beton der Klasse WU C verarbeitet. Beim Treppenbau ist darauf zu achten, dass die Stufen nicht zu schmal bemessen sind, empfehlenswert sind mindestens 30 cm Breite. Selbstverständlich müssen alle Stufen dieselbe Trittweite und -tiefe aufweisen.

Inzwischen befinden sich auch Fertigtreppen aus Kunststoff auf dem Markt, die bereits mit rutschfester Folie bezogen sind (Veltmann GmbH). Diese Treppen werden auf den abgedichteten Teich aufgesetzt. Wahlweise sind sie auch mit einem Luftsprudler erhältlich, der Luftblasen aus den Treppenstufen perlen lässt.

Aus seitenglatten Granitblöcken oder -platten können auch Schrittstufen in ein Kiesbett eingelegt werden. Allerdings ist zum Beispiel durch ein Fundament oder ausreichend groß bemessene Teichsäcke als Unterbau dafür Sorge zu tragen, dass die Schrittsteine nicht wackeln.

Sicherlich kann man auch über Sprungtürme, Rutschen, Seilbrücken und vieles andere ins Wasser gelangen, doch sind derartige „Attraktionen“ eher

Steinstufen aus abgerundeten Granitquadern harmonieren mit Abgrenzungen zum Pflanzenteil aus demselben Material.

Rahmendaten

Baujahr: 2006
Größe: 200 m²
Badeteil: 100 m²
Reinigungsteil: 100 m²
Tiefe: 3,00 m
Technik: zwei Skimmer mit Pumpe sowie Umwälzpumpe
Bauliche Besonderheiten: Abgrenzung mit Steinmauer aus Granitblöcken
Planung: Anja Werner, Architettura del paesaggio (Italien)

etwas für große öffentliche Schwimmteiche. Wer den Platz hat und eines dieser Elemente vorsehen möchte, ist gut beraten, einen Fachplaner hinzuzuziehen. Denn auch beim privaten Schwimmteich gilt: Alle zum Schwimmteich gehörenden Bauteile müssen verkehrssicher sein und so gestaltet werden, dass sie keinesfalls die Wasserqualität beeinträchtigen.

Technik

Schwimmteiche sind, schon aufgrund ihrer biologischen Wasserreinigung, in erster Linie Biotope, also Lebensraum von Pflanzen und Tieren. Technik, verstanden als Sammelbegriff für alles vom Menschen Erdachte, um die Natur zu beherrschen und für sich nutzbar zu machen, sollte daher im Schwimmteich nur in dem Maße eingesetzt werden, dass natürliche Abläufe unterstützt werden. Selbstverständlich ist auch der Einsatz von Technik denkbar, die diese Bedingung nicht erfüllt, beispielsweise eine Beleuchtung (die Natur hat es allerdings nachts am liebsten dunkel). Jedoch sollte in diesen Fällen die eingesetzte Technik so geartet sein, dass sie natürliche Abläufe nicht stört. Beispielsweise muss eine Teichbeleuchtung nicht die ganze Nacht hindurch brennen. Im Folgenden werden die wichtigsten Komponenten an einem Schwimmteich vorgestellt, die im Sinne des oben Gesagten natürliche Abläufe unterstützen und nicht etwa ersetzen. Grundsätzlich werden von der Internationalen Gesellschaft für naturnahe Badegewässer (IGB) alle Systeme abgelehnt, die das Ziel haben, Organismen gezielt zu schädigen oder zu töten (z. B. UV-Bestrahlung des Wassers, Ultraschall zur Algenbekämpfung). Deren Einsatz ist übrigens auch im Bereich öffentlicher Schwimmteichanlagen nach der FLL-Richtlinie von 2003 untersagt. In Österreich verbietet zukünftig die ÖNORM für „Neuanlage und Sanierung von Kleinbadeteichen“ solche Anlagen in Schwimmteichen.

Füllleitung

Ist der Schwimmteich erst einmal abgedichtet und sind alle für die Sicherung des Teichrandes notwendigen Arbeiten getan, kann der Teich befüllt werden. Wer dann erst anfängt, Gartenschläuche aneinanderzukoppeln, hat bei der Planung des Teiches die Füllleitung vergessen. Natürlich kann man sich auf den Standpunkt stellen, dass in Mitteleuropa im Sommer der Niederschlag die Verdunstungsrate ausgleicht, ein Nachfüllen des Teiches also nicht notwendig und damit auch eine fest installierte Leitung nicht erforderlich ist.

Die Praxis der ersten Jahre des neuen Jahrtausends sieht allerdings anders aus. Lange Perioden ohne Niederschlag zwangen die Schwimmteichbesitzer, den Wasserstand aufzufüllen. Da ist es sinnvoll, von vornherein eine Füllleitung vorzusehen, die fest mit der zuvor festgelegten Wasserquelle verbunden wird. Bei Bedarf muss nur noch der Hahn aufgedreht werden.

Aber es geht auch bequemer, beispielsweise wenn am teichseitigen Ende der Leitung ein Bojenverschluss den Wasserstand kontrolliert. Sinkt dieser unter einen im Zentimeterbereich einstellbaren Stand, öffnet sich die Leitung, Wasser läuft in den Teich und der Druckabfall im Schlauch ist das mechanische Signal für die Druckpumpe des Leitungssystems Wasser solange nachzuliefern, bis der Bojenschalter das Erreichen des Zielwasserstandes meldet.

Alternativ zu diesem Wasserstandsschalter kann auch ein elektronisches Sensorsystem eingebaut werden, dieses ist jedoch teurer und empfindlicher.

Sollte jemand keinen Bojenschalter eingebaut haben und vergessen, den Wasserhahn rechtzeitig zu schließen, rückt ganz schnell die Bedeutung eines weiteren wichtigen Details in den Mittelpunkt: der Regenüberlauf. Dieser reguliert in diesem Fall auch das überschüssige Füllwasser.

Regenüberlauf

Einen Regen- oder auch Notüberlauf muss jeder Schwimmteich haben. Wichtig ist, dass dieser stets auf mögliche Verstopfungen (hineingewehte Blätter, abgerissene Pflanzenteile) kontrolliert wird. Wegen der Gefahr zu verstopfen sollte er, wo dies möglich ist, als offenes Gerinne gestaltet werden und nur im Ausnahmefall verrohrt sein. Gibt es keine andere Wahl als eine Verrohrung, ist der Durchmesser so zu wählen, dass pro 100 m^2 Teichfläche mindestens 1 ‰ Abflussfläche zur Verfügung steht, also 0,1 m^2. Da in den meisten Fällen das anfallende Regenwasser versickert werden muss, ist es ratsam, rechtzeitig zu prüfen, ob die vorhandene Regenwasserversickerung das zusätzlich und schwallartig anfallende Regenwasser aus der Schwimmteichfläche auch aufnehmen kann. Gegebenenfalls muss nämlich die bestehende Versickerungsfläche vergrößert werden, was am einfachsten und kostengünstigsten im Rahmen der Arbeiten am Schwimmteich miterledigt wird, da zu diesem Zeitpunkt entsprechendes Gerät vor Ort ist. Die Dimensionierung von Versickerungsflächen hängt außer von der zu versickernden Menge auch von den Bodenverhältnissen am Bauplatz ab.

Skimmer und Überlaufrinnen

Die Befestigung des kleinen Rundskimmers am Holzsteg ermöglicht ein leichtes Reinigen des Skimmerkorbes.

Aus der Beobachtung natürlicher Gewässer ist bekannt, dass etwa 70 % der eingetragenen Stoffe zunächst mehr oder weniger lange auf dem Wasserspiegel schwimmen. Damit ergibt sich eine gute Gelegenheit, schwimmende Teilchen abzufischen, die man nicht als Ablagerungen im Schwimmteich haben möchte. Technische Einrichtungen, die einen solchen Abzug des Oberflächenwassers samt der darauf schwimmenden Partikel vornehmen, sind Skimmer und Überlaufrinnen.

Aus dem Bau konventioneller Schwimmbäder kennt man Skimmer als in die Wand eingelassene Kästen mit einer beweglichen Klappe, die sich mit dem Wasserstand mitbewegt. Diesen Skimmertyp gibt es auch im Schwimmteichbau. Ein zweiter Typ, der sogenannte Rundskimmer, ist jedoch häufiger im Einsatz, da Wandeinbauten den Schwimmteichbau komplizierter gestalten würden als er sein muss. Zudem haben Rundskimmer den Vorteil, dass sie auch bei schwankenden Wasserständen arbeiten und sie können auch noch nach Inbetriebnahme eines naturnahen Badegewässers nachgerüstet werden.

Rundskimmer sind Kunststoffbehälter, die unterseits an den Saugschlauch einer Pumpe angeschlossen werden und oberseits mit einem Schwimmdeckel versehen sind, der in der Mitte eine weite Öffnung hat. Da der Deckel einerseits mit dem Wasserstand aufschwimmt, andererseits jedoch vom Sog der Pumpe nach unten gezogen wird, entsteht an der Innenkante der Öffnung im Schwimmdeckel ein Abzugssog. Das Oberflächenwasser wird angesogen und mitgezogene Partikel landen im innenliegenden Korb, der sich im Skimmerbehälter befindet.

Von diesem Grundprinzip eines Rundskimmers werden im Handel inzwischen zahlreiche Variationen und Weiterentwicklungen angeboten.

So gibt es zum Beispiel einen Flachwasserskimmer (ProGarden), der nur eine Einbautiefe von 25 cm Wasser benötigt und mit zwei nebeneinanderliegenden Kammern arbeitet. Die erste Kammer fängt in einem Edelstahlkorb die groben Stoffe, zum Beispiel Laub, auf. Die Zweite filtert mittels eines speziellen eingebauten Granulats die Feinstoffe heraus.

Im Flachwasser aufgestellt werden können auch verschiedene Rundskimmer, die meist keine Filterkammer, sondern nur einen Korbeinsatz haben. Ist dieser zu grobmaschig, kann man diese Skimmermodelle durch Einsatz eines speziell für diesen Zweck gefertigten feinmaschigen Kunststoff-Gewebenetzes (oder einem Damenstrumpf) verbessern. Bei diesem Skimmertyp (z.B. der HELD GmbH, OASE GmbH oder Heissner GmbH) sollte man darauf achten, dass man ein Modell mit einer Bodenplatte wählt, auf der aufgebrachter Kies oder Schotter den Skimmer stabil in der gewünschten Position hält.

Weiterhin gibt es Rundskimmer, die auf einem Teleskop-Stativ stehen, sodass sie auch in größeren Wassertiefen eingesetzt werden können (z.B. der Messner GmbH & Co. KG). Dieser genannte Anbieter hat auch einen Schwimmskimmer im Programm, der nicht auf dem Bodengrund steht, sondern frei im Wasser schwimmt, stabilisiert durch drei Schwimmkörper, in deren Mitte der Skimmer liegt. Dieser Skimmer ist lediglich durch den Verbindungsschlauch zur Pumpe im Teich an einer Position verankert. Sein Vorteil: Der Skimmer arbeitet unabhängig vom Wasserstand. Ein möglicher Nachteil: Der Schwimmskimmer sollte nur so viel Bewegungsfreiheit haben, dass man gut vom Land an ihn herankommt, um Reinigungsarbeiten durchzuführen.

Von allen denkbaren technischen Einrichtungen am Schwimmteich stellen die Skimmer die sinnvollste Unterstützung der Natur dar, was selbst die „Technik-Muffel“ unter den Schwimmteichkonstrukteuren einräumen. In jedem Fall verringern sie den Pflegeaufwand für das Reinigen des Teichgrundes im Badeteil, wenngleich die tägliche Reinigung des Skimmerkorbes einen zusätzlichen Aufwand darstellt.

Die Überlaufrinne ist auch aus dem konventionellen Schwimmbadbau bekannt. Entweder als umlaufende Rinne, in der sich überschwappendes Wasser sammelt und der Pumpe zuläuft, oder als sogenannte Abrisskante, über die das Wasser in einen Ausgleichsbehälter stürzt, aus dem es die Pumpe entnimmt, um einen Überschuss im Hauptbecken zu erzeugen, womit sich der Kreislauf schließt. Solche Abrisskanten sind inzwischen weit verbreitet in Schwimmteichen öffentlicher Nutzung. Im Privatbereich werden sie selten eingesetzt, da Ausgleichsbehälter und eine recht starke Pumpe einen baulichen und finanziellen Aufwand verursachen, der durch das Ergebnis kaum kompensiert wird. Skimmer erreichen hier dasselbe auf einfacherem Weg.

Filter

Schauen wir uns wieder nach einem Vorbild in der Natur um: Naturbelassene Bachläufe und Flüsse besitzen Uferbänke aus Sand und Kies, welche die Strömung abgelagert hat. Diese aus Schichten ähnlicher Körnung aufgebauten Materiallager werden von schnell wachsenden Pionierarten höherer Pflanzen bewachsen, die ihre verdickten Wurzeln tief in den Substratkörper bohren. Je nach Wasserstand des Flusses werden diese Schotterkörper durchströmt und in den Zwischenräumen der Substratkörnchen kann Wasser aufgrund der

Adhäsion der Moleküle sogar einige Zentimeter über den eigentlichen Wasserspiegel aufsteigen. Ganz wichtig: Auf den Substratpartikeln wächst ein sogenannter Biofilm, ein Mikrorasen aus Bakterien und Pilzen, der sich mit vorbeiströmenden Nährstoffen versorgt und diese so aus dem Wasser entnimmt und festlegt.

Dieses Filter-Vorbild der Natur kann auch auf Schwimmteichen sinnvoll übertragen werden. Es können beispielsweise Schotterkörper als bepflanzte Bodenfilter außerhalb des Schwimmteiches oder am Ufer in Verbindung mit dem Badeteil eingerichtet werden. Liegt der Bodenfilter außerhalb, wird er mit Hilfe einer Pumpe angesteuert und das gefilterte Wasser läuft über einen Bachlauf zurück in den Teich. Auch die umgekehrte Konfiguration ist denkbar, doch ist bei der ersten Variante die Steuerung der Menge über die Pumpen leichter.

Bepflanzte Bodenfilter sind im Schwimmteichbau ein Erbe aus den schon länger bekannten Pflanzenkläranlagen. Im Bereich der öffentlichen Schwimmteiche tragen bepflanzte Bodenfilter, auch neudeutsch „constructed wetlands" genannt, vielerorts die Hauptlast der Wasserreinigung. Im Privatbereich können sie überall dort sinnvoll sein, wo ein relativ nährstoffreiches Füllwasser vergleichsweise hohe Gesamtmengen an Phosphaten oder Nitraten in das System einträgt.

Auch ständig überstaute Filter im Uferbereich funktionieren. Soll der Filter jedoch einen erheblichen Anteil der Reinigungsarbeit im Schwimmteich leisten, sind intermittierend betriebene Filter optimal. Bei ihnen wird das Wasser oberflächlich verteilt aufgebracht und durchsickert den Filterkörper. Danach kann wieder Luftsauerstoff in den Boden eindringen, was besonders wichtig ist, will man mit dem Filter beispielsweise Stickstoffverbindungen aus dem Wasser entnehmen.

Der Einsatz von Filtern zur Bekämpfung von Algenblüten bedeutet jedoch, dass nicht die Ursache, sondern nur das Symptom angegangen wird. Wenn damit geworben wird, dass ein Filtersystem „Algen bekämpfen" könne, sollte man also misstrauisch werden.

Der Aufschluss dieses zwölf Jahre alten Filterkörpers zeigt, wie die Wurzeln und Rhizome des Schilfrohres den Boden bis in einen Meter Tiefe aufgeschlossen haben. Die graue (und nicht schwarze) Färbung des Substrates zeigt, dass hier immer genügend Sauerstoff zur Verfügung stand.

Welche Faktoren sind bei der Dimensionierung eines Filters wichtig?

1. Die Wassermenge, die pro Tag gefiltert werden soll.
2. Der Typ, die Korngröße und die Oberflächenbeschaffenheit des Filtermaterials.
3. Die vorhandene und die gewünschte Wasserqualität nach Passage des Filters.
4. Die Bepflanzung.

In den Filterkörpern, die in Schwimmteichen öffentlicher Nutzung eingesetzt werden, finden wir vor allem zwei Materialgruppen: Dolomit-Schotter und Jura-Kalke einerseits sowie Zeolithe andererseits. Während Erstere vor allem eingesetzt werden, um natürliches Kalziumkarbonat zur Stabilisierung des pH-Wertes sowie zur Entmanganung und Enteisenung einzusetzen, sind die Zeolithe aufgrund ihrer ausgeprägten Hohlraumstruktur interessant für die Besiedelung durch Bakterien und andere Mikroorganismen, da sie im Verhältnis zu ihrer Größe eine riesige Oberflächenstruktur aufweisen. Gleichzeitig verfügen sie über eine negative Ladung und besitzen somit eine Kationenaustauschkapazität.

Gerade letztere Eigenschaft sollte aber dazu mahnen, Zeolithe nicht im Übermaß einzusetzen, da sie Stickstoff aus dem Wasser binden. Weil dieser Pflanzennährstoff in gut bepflanzten Schwimmteichen jedoch ohnehin Mangelware ist, können Zeolithfilter den Pflanzenwuchs stark beeinträchtigen. Das ist unerwünscht, bedenkt man die große Bedeutung des guten Pflanzenwuchses im Lebensraum Schwimmteich. Alternativ können natürlicher oder künstlich hergestellter Bims, expandierte Aluminiumsilikate (Blähton, gebrochen) oder Lava-Schotter eingesetzt werden. Alle diese Materialien haben große Oberflächen im Verhältnis zu ihrer Korngröße.

Wichtig ist, dass Bodenfilter bepflanzt werden, da die Pflanzen Sauerstoff in den Reaktionsraum des Filters liefern, der für viele der dort siedelnden Bakterien von entscheidender Bedeutung ist. Die gewählten Pflanzenarten sollten Rhizom-Pflanzen sein und somit in der Lage, möglichst den gesamten zur Verfügung stehenden Wurzelraum zu besiedeln. Am besten geeignet ist das Gewöhnliche Schilfrohr (*Phragmites australis*). In kleineren Anlagen können aber auch andere Röhrichtbildner, wie Flechtbinse (*Schoenoplectus*), Igelkolben (*Sparganium*), Meerbinse (*Bolboschoenus*) und Zypergras (*Cyperus*), eingesetzt werden, die nicht ganz so üppig wachsen. Bei diesen Arten sollte der Bodenfilter jedoch nicht tiefer als 40 cm sein. Binsen-Arten eignen sich weniger, da viele Arten den Wurzelraum nicht in dem Maße erschließen wie die anderen oben genannten Gattungen.

Beim Einsatz von Filtern ist also zu beachten

1. Bepflanzte Bodenfilter erzielen einen nachhaltigen Effekt, besonders wenn sie stoßweise und vertikal durchströmt werden.
2. Diese Bodenfilter müssen richtig dimensioniert werden, wobei vorhandene und gewünschte Wasserqualität, gewähltes Filtermaterial sowie die Beschickungsart und -frequenz wichtige Kenngrößen für die Dimensionierung sind.
3. Beim Einsatz mit Zeolithen ist Vorsicht geboten, da bei ohnehin meist geringen Nitratwerten im Schwimmteichwasser mangelhafter Pflanzenwuchs eine Folge sein kann.

Elektronisch gesteuerte Filter werden seit einigen Jahren in öffentlichen Schwimmteichen von der Firma POLYPLAN eingesetzt. Im Jahr 2007 kam diese Technik unter dem Produktnamen „BELLvital" auch für private Schwimmteiche auf den Markt. Dabei wird nach Herstellerangaben der Nährstoffzustrom elektronisch gesteuert, um im Filter immer optimale Wachstumsbedingungen für die Mikrobiologie zu gewährleisten. Das Filtersystem könne nach Firmenangaben auf diese Weise so ohne Rückspülung und ohne Filterwechsel dauerhaft frei und funktionstüchtig bleiben. Die Erfahrung in der Praxis wird zeigen, ob im Privatbereich dauerhaft ähnlich gute Ergebnisse erzielt werden wie im öffentlichen Bereich.

Viele Schwimmteiche kommen auch ganz ohne Filter aus. Wird jedoch ein Filter eingesetzt, sollte daran gedacht werden, dass rücklaufendes Wasser auch diverse Gestaltungsmöglichkeiten bietet, zum Beispiel in Form eines Bachlaufes oder eines Wasserfalls.

Eine Modellrechnung zur Filterdimensionierung ist auf Seite 125 zu finden.

Pumpen

Die ersten Schwimmteiche, die vor rund 25 Jahren in Österreich und Deutschland entstanden, hatten keine Pumpen. Es waren mit einem eigenen Schwimmbereich ausgestattete Gartenteiche – Wasser, Pflanzen und sonst nichts. Bestenfalls wurden die schon aus den Gartenteichen bekannten Wasserspiele wie kleine Springbrunnen oder Miniwasserfälle mit Pumpen ausgestattet, die im Niedervoltbereich arbeiten (12 bis 24 Volt).

Das Thema „Pumpen" wurde vor allem durch die Schwimmteichbauer eingeführt, die aus dem konventionellen Schwimmbadbau auf den neuen Markt drängten; geleitet von der Überzeugung, dass Technik die Natur verbessern könnte. Heute, nach Jahren des Experimentierens mit den verschiedensten Pumpentypen, großen und kleinen Filteranlagen aller Art und allen nur denkbaren Strömungsrichtungen, ist klar: Alles geht, solange die natürlichen Abläufe im Ökosystem Schwimmteich durch die Pumpentechnik nicht negativ beeinflusst werden. Dass ein Schwimmteich nur funktioniere, wenn er auch eine Pumpe hätte, ist ein Irrglaube. Genauso falsch ist es aber auch zu denken, Pumpen hätten im Schwimmteich nichts zu suchen.

Wer für einen Schwimmteich eine Pumpe aussucht, muss zuvor die wichtigste Frage in diesem Zusammenhang beantwortet haben: Was soll die Pumpe bewirken?

Eine nahe liegende Antwort auf diese Frage ist der Wunsch nach einem Wasserspiel. Hatten in der Blütezeit der Wasserspiele, im Rokoko, die meist aus Italien stammenden Meister dieser Kunst an den europäischen Höfen noch ausgeklügelte Drucksysteme auszutüfteln, um Wasser von höher gelegenem Gelände mit Gefälledruck zum Ort des Wasserspieles zu bringen, geht man heute in ein Gartencenter und kauft sich ein fertiges Set. Hierbei handelt es sich um Pumpen mit geringer bis mäßiger Förderleistung, die für diesen speziellen Einsatz konzipiert und nach DIN-Normen typgeprüft worden sind. Folglich können sie ohne Mitwirkung eines Elektrikers aufgestellt und betrieben werden. Diese Pumpen haben meist kleine Vorfilter in Form von Siebdeckeln mit oder ohne Gewebeeinsatz und genügen der Anforderung, das Schwimmteichwasser ins Plätschern zu bringen. Der Transformator muss stets trocken aufgestellt und an den Hausstrom angeschlossen werden.

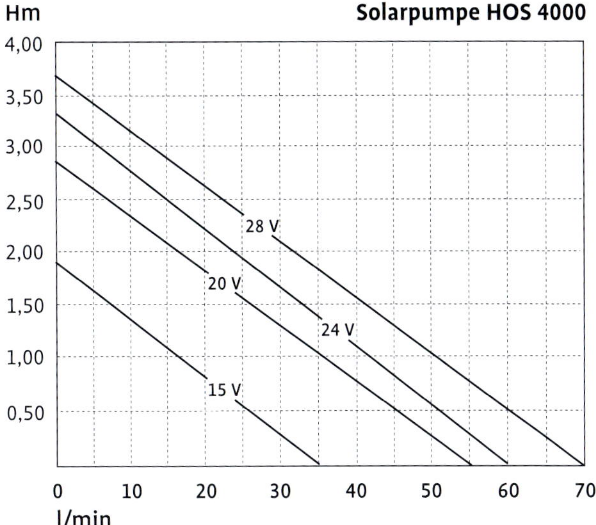

Abb. 4.

Die Abbildung zeigt das Pumpendiagramm einer Solarpumpe (Hierner HOS 1800). Es ist abzulesen, wie viel Wasser die Pumpe in Abhängigkeit von Voltzahl und Hub liefert.

Für einen Bachlauf sollte bei der Auswahl des Pumpentyps die Faustregel gelten: Das Doppelte der Bachlaufbreite in Zentimetern ergibt die Fördermenge der Pumpe in Litern pro Minute. Wer also einen 50 cm breiten Bachlauf hat, braucht eine Pumpe die 100 l/min fördert. Zu bedenken ist natürlich auch noch die Förderhöhe (Hub), also der Höhenabstand zwischen Pumpe und dem höchsten Punkt, den das Wasser im Gelände erreichen muss. Da die Förderhöhen im Pumpendiagramm angegeben sind, kann man ablesen, ob die gewählte Pumpe bei einem erforderlichen Hub von beispielsweise 2,00 m auch noch die gewünschten 100 l/min schafft. Soll etwas mehr Wasser transportiert werden, so ist unbedingt darauf zu achten, dass die Durchmesser der Druckleitungen nicht unter 1,5 Zoll bemessen werden, da in dünneren Schläuchen der Reibungsverlust unnötig groß wird.

Das hier am Beispiel eines Wasserfalls Beschriebene gilt entsprechend auch, wenn die Pumpe zum Betrieb eines Filters oder Skimmers eingesetzt werden soll. Dabei sind selbstverständlich die Dimensionierungsvorgaben des Herstellers dieser Komponenten genau zu beachten und einzuhalten, da eine stärkere Pumpenleistung nicht unbedingt zu einer Verbesserung, sondern möglicherweise auch zu einer erheblichen Verschlechterung der Leistung dieser Betriebsteile führen kann.

Welche Pumpen stehen uns heute im privaten Schwimmteichbau zur Verfügung? Neben den erwähnten Niedervoltpumpen bietet der Markt die trocken aufzustellenden Kreiselpumpen und Solarpumpen.

Kreiselpumpen werden außerhalb des Schwimmteiches in einem Pumpenschacht aufgestellt und immer mit einem FI-Schalter angeschlossen. Dieser Fehlerstromschutzschalter (Auslösestrom von 30 mA) macht bei einem Defekt die Pumpe spannungsfrei. Das Aufstellen dieser Pumpe in einem Schacht ist eine Zwangsvorgabe für jeden privaten oder professionellen Schwimmteichplaner. Sinnvoll und sehr zu empfehlen ist dabei die Verwendung von vorgefertigten Schächten aus stabilem, frostbeständigem Polyethylen. Obwohl die Pumpe mit demselben Wasser in Kontakt ist wie die Badenden, besteht im Defektfall keine Gefahr, da bei korrekter Aufstellung der Pumpe im Schacht der Strom zum Erdpotential abgeleitet wird. Die korrekte

Installation von Pumpe, Potentialausgleich und Fehlerstromschutzschalter sind vor Inbetriebnahme des Schwimmteiches durch einen Elektriker abzunehmen und von ihm zu bescheinigen (siehe auch die Hinweise auf Seite 63).

Kreiselpumpen erreichen die Förderleistungen, die für größere Wasserspiele, aber auch für die Wasserströme notwendig sind, um ausreichend Wasser vom Badebereich zum Reinigungsbereich oder umgekehrt zu transportieren. Wie bereits beschrieben, erfolgt die Auswahl der Leistungsstärke der Pumpe nach den Vorgaben der Planung, also nach der vorgegebenen Menge, die pro Zeiteinheit von einem Teil der Anlage in den anderen, beispielsweise vom Badebereich in den Aufbereitungsbereich, transportiert werden muss. Es bestimmt also nicht die Wattzahl der Pumpe die Wahl, sondern die von den Anlagenkomponenten vorgegebene Wassermenge in Abhängigkeit von der Förderhöhe.

Ist es nicht möglich, die Pumpe so in einem Schacht zu installieren, dass sie unter dem Wasserspiegel des Schwimmteiches aufgestellt wird, muss eine selbstansaugende Kreiselpumpe gewählt werden. Dies ist aber die schlechteste aller Optionen, da diese Geräte einen vergleichsweise schlechten hydraulischen Wirkungsgrad aufweisen.

Eine in der Anschaffung nicht ganz billige, dafür aber in Bezug auf Langlebigkeit, Sicherheit und Einfachheit hervorragende Alternative sind Solarpumpen, von denen es wiederum trocken aufgestellte und Tauchpumpen gibt. Leider ist die Auswahl an Solarpumpen längst nicht so groß wie im konventionellen Bereich. Auf dem Markt gibt es eigentlich nur eine einzige Solar-Tauchpumpe, und zwar der Hierner Pumpen GmbH, die mit einem 90 Watt Photovoltaik-Modul und voller Besonnung bis zu 60 l Wasser pro Minute

Die Bauweise des Holzsteges ermöglicht den festen Einbau der Solar-Tauchpumpe, die wahlweise einen Skimmer oder einen Pflanzenfilter betreibt.

fördert. Dies reicht aus, um einen kleinen Skimmer (Durchmesser maximal 25 cm) oder einen im Teich integrierten Pflanzenfilter zu betreiben. Ihre Hubleistung ist jedoch nicht groß genug, um das Wasser mehr als 1,00 m anzuheben.

Trocken aufzustellende Solarpumpen haben eine solche Leistung. Allerdings benötigen diese dann auch gleich mehr als 300 Watt als Modulleistung, was 4 Modulen (zu je 80 Watt) entspricht und einer Fläche von etwa 2 m² Solarmodul. Weitere Vorteile von Solarpumpen sind, dass sie extrem leise laufen und leicht zu installieren sind und dass sie in einem ungefährlichen Spannungsbereich arbeiten.

Im Winter sind Tauchpumpen aus dem Gewässer zu entfernen und nass, zum Beispiel im Keller in einem Eimer mit Wasser, aufzubewahren. Trocken aufgestellte Pumpen sind auszubauen und frostsicher zu lagern, wenn nicht gewährleistet ist, dass der Pumpenschacht frostsicher ist. Alle Pumpentypen müssen regelmäßig gewartet und gegebenenfalls gereinigt werden.

Installation von Pumpen

Bei der Installation von Pumpen ist zu beachten, dass alle hin- und wegführenden Leitungen absperrbar sein müssen, damit im Wartungsfall problemlos an der Pumpe gearbeitet werden kann.

Sicherheitshinweise zum Einsatz von Technik im Schwimmteich

Im Teich sollten ausschließlich Geräte mit einer maximalen Spannung von 12 Volt betrieben werden. Alle Geräte mit mehr als 12 Volt Spannung sind außerhalb des Schwimmteiches in einem geeigneten Raum aufzustellen. Dabei ist, zum Beispiel im Falle eines Pumpenschachtes, ein Mindestabstand von 2,00 m zum Teich einzuhalten. Raum oder Schacht müssen verschließbar und alle wasserführenden Leitungen aus Kunststoff sein. Obligatorisch ist der Einsatz eines FI-Fehlerstrom-Schutzschalters mit 30 mA. Metallteile, die in das Wasser ragen, zum Beispiel Edelstahlleitern, müssen geerdet sein. Installation und Montage von Technik am Schwimmteich erfolgt am besten durch einen Fachbetrieb. Beim Einsatz von stromführenden Elementen mit mehr als 12 Volt Spannung ist ein Elektriker hinzuzuziehen, der die Installation (gemäß DIN VDE 0100 Teil 702 bzw. 737) durchführt oder zumindest abnimmt.

Aktuelle Entwicklungen

Richard Weixler, neben Karl Sailer und Günther Matula einer der österreichischen Pioniere des Schwimmteichbaus, hat versucht, eine Systematik der Schwimmteiche zu entwerfen, indem er fünf Kategorien von Schwimmteichen (siehe dazu auch Tab. 3) beschrieb:

Kategorie 1. Natur-Schwimmteich ohne jede Technik und die Hälfte oder zwei Drittel der Gesamtfläche sind bepflanzt.

Kategorie 2. Schwimmteich mit wenig Technik, etwa 50 % der Gesamtfläche sind bepflanzt, es gibt eine kleine Umwälzung mittels einer Pumpe.

Kategorie 3. Schwimmteich mit Oberflächenabsaugung, mit Bepflanzung auf mindestens 40 % der Gesamtfläche und deutlicher Trennung von Bade- und Reinigungsteil.

Kategorie 4. Schwimmteich mit viel Technik, Bepflanzung von etwa einem Drittel der Gesamtfläche, eine starke Pumpe erzeugt eine Oberflächenströmung für Skimmer und/oder Überlaufrinne.

Kategorie 5. Öko-Pool mit kleinen Pflanzflächen (10 bis 20 %) oder Verzicht auf Höhere Pflanzen, Kies- und Schotterkörper sowie mechanische Filterung übernehmen die Wasserreinigung.

Tab. 3. Limnologische Kategorisierung von Schwimmteichen

Schwimmteich-Kategorien nach Weixler (2004)	**1 und 2**	**3**	**4 und 5**
Reinigungsteil	stets integriert	integriert	ausgelagert
Nachahmung der Verhältnisse in einem …	stehenden Kleingewässer	Bach	kleinen Fluss
Umwälzmenge pro Tag des Gesamtvolumens	< 10 %	< 50 %	> 50 %
Bedeutung der Pumpenleistung	–	++	+++
Bedeutung echter Unterwasserpflanzen	+++	+	–
Repositionspflanzen	++	++	(+)
Durchströmter Filter	–	++	+++
Spezialsubstrate für Filter	–	++	+++
Bedeutung der Pflanzsubstratmischung für die Wasserreinigung	++	–	–
Bedeutung der Pflanzsubstratmischung für das Pflanzenwachstum	(+)	+++	++

– = unwichtig; (+) = bedingt wichtig; + = wichtig; ++ = groß; +++ = besonders groß

Die FLL hat diese Kategorien aufgegriffen und zusammenfassend dargestellt. Siehe dazu Tabelle 2 auf Seite 41. In dieser fünfstufigen Einteilung spiegelt sich die Entwicklung des Schwimmteiches wieder – vom Gartenteich mit Badeteil bis hin zum Swimmingpool mit mineralischer Reinigungsstufe. Man ist versucht anzunehmen, dass der vermeintlich modernste Typ, der Öko-Pool, heutzutage der am meisten gebaute private Schwimmteich ist. Im Gegenteil! Vermutlich sind Schwimmteiche der Kategorien 1 und 2 nach wie vor die am häufigsten errichteten Typen. Nicht zuletzt, weil mehr Technik auch mehr Kosten und Wartung bedeuten.

Wie ist es überhaupt mit dem zunehmenden Einsatz von Technik im Schwimmteich? Ist das ein Zeichen von Modernität, Weiterentwicklung, Fortschritt, Zukunft?

Aufseiten der Schwimmteichanbieter haben in den letzten zehn Jahren Dutzende von Schwimmbadtechnikern und Bauingenieuren in der Branche Fuß gefasst. Dagegen gibt es nur eine Handvoll Biologen und fast keine Limnologen, die sich intensiv mit dem Thema „Schwimmteich“ befassen. Es entstehen pro Jahr Tausende, vielleicht mehr als 5000 neue Schwimmteiche, viele von ihnen limnologische Kleinode, und kein Süßwasserkundler hält seinen Planktonkescher hinein, um der wissbegierigen Branche zu erklären, was für Verhältnisse in ihren Badebiotopen eigentlich herrschen! Die wenigen, rühmlichen Ausnahmen bestätigen nur diese Regel.

Doch nun wird zunehmend die immense Bedeutung der Rolle der Pflanzen im Schwimmteich erkannt. Dieses Buch liefert erstmals fundierte und erprob-

te Methoden zur Auswahl der Arten und Zusammenstellung der Pflanzenbestände.

Lebensbedingungen in Schwimmteichen

Der Schwimmteich als Lebensraum, als Ort der Entfaltung von pflanzlichem und tierischem Leben, unterscheidet sich kaum von den Lebensbedingungen in einem natürlichen Kleingewässer. Wenn es sich um einen technik-dominierten Schwimmteich mit relativ starker Wasserumwälzung handelt, entsprechen die limnischen Verhältnisse eher denen eines Fließgewässers. Haben wir einen Schwimmteich vor uns, der auf Technik weitgehend verzichtet, ähneln die Lebensbedingungen denen in einem Tümpel oder Weiher.

Demnach sind unsere Badebiotope natürlichen Lebensbedingungen erheblich ähnlicher, als es sonst der Fall ist beim Vergleich von Gartensituationen mit natürlichen Biotopen. Warum ist das so?

Die Antwort liegt im wahrsten Sinne des Wortes im Wasser. Gewissermaßen gepuffert durch das Lebenselixier und, bei richtiger Bauweise, gut abgeschottet gegen Einflüsse von außen, führen im Idealfall die der Natur sehr nahe kommenden Verhältnisse zu fast identischen Lebensbeziehungen, wie sie in natürlichen Biotopen herrschen. Folglich sind Licht und Temperatur, chemisch-physikalische Wasserparameter, eingebrachter Boden und eingesetzte Substrate, die Tierwelt und die Badenutzung die wesentlichen Faktoren, welche die Lebensbedingungen für Pflanzen in Schwimmteichen beeinflussen.

Erlebniswelt Schwimmteich: Mit Schnorchel und Taucherbrille erschließt sich die Welt der Wasserpflanzen wie in einem Aquarium.

Licht und Temperatur

Licht und Temperatur steuern das Pflanzenwachstum im Laufe des Jahres. Zwar sind bei einer speziellen Pflanzenauswahl auch Schwimmteiche fast ganz im Schatten denkbar, aber allein der Nachteil des sich kaum erwärmenden Badewasser lässt wohl jeden Schwimmteichbauer diese rein akademische Variante verwerfen. Schwimmteiche liegen in der Sonne, je mehr desto besser. Natürlich beeinträchtigt ein zeitweiliger Schatten des Hauses oder eines Baumes nicht den Wuchserfolg, doch werden wir im Halbschatten (ein etwa die Hälfte des Tages voll beschatteter Ort) deutlich geringeren Pflanzenwuchs feststellen als dort, wo das Licht den ganzen Tag einfallen kann.

Andererseits kann zu viel Licht auch viele Pflanzen beim Wachstum bremsen. Diese sogenannte Lichthemmung tritt ein, wenn die photosynthetische Produktion der Pflanzenzelle durch ein Überangebot an Strahlung abfällt. Dabei gilt, dass das Lichtoptimum bei höheren Wassertemperaturen auch bei höheren Strahlungsintensitäten liegt, also auch die Lichthemmung (das Überschreiten des Optimums) später einsetzt.

Während unter mitteleuropäischen Wetterverhältnissen das Phänomen der Lichthemmung für die Photosynthese der Wasserpflanzen wohl kaum zum Tragen kommt, ist ein Wuchsstopp durch Lichtüberangebot im mediterranen Raum durchaus möglich. In Mitteleuropa hat die Lichthemmung vor allem Bedeutung bei Algenpopulationen, denn diese meist einzellig gebauten Pflanzen können durch zu viel Licht in ihrem weiteren Wachstum gestoppt werden.

Einem speziellen Wellenbereich des Sonnenlichtes, der UV-Strahlung, kann eine gewisse Bedeutung bei der Abtötung von Keimen an der Wasseroberfläche zugesprochen werden. Allerdings nur bei den Keimen, die auf der Wasserhaut schwimmen, denn nach GESSNER (1955) wirkt UV-Licht erst unterhalb einer Wellenlänge von unter 300 μm bakterientötend, also in einem Bereich, der im Wasser am raschesten absorbiert wird.

Eine steigende Wassertemperatur zeigt die Aufnahme von Strahlungsenergie (Wärmestrahlung) des Gewässers. Dabei ist die Sonne, vor allem mit ihrer langwelligen Strahlung, die einzige Energiequelle. Die oberen Wasserschichten erwärmen sich deutlich stärker als tiefere. Dies gilt übrigens nicht nur für große Seen. So haben die Autoren dieses Buches an einem heißen mediterranen Sommertag am Nachmittag Wassertemperaturen von über 28 °C an der Oberfläche eines Schwimmteiches gemessen. Aber schon in 50 cm Tiefe war die Temperatur um einige Grad niedriger und erreichte in 1,50 m Tiefe im Reinigungsteil zwischen den Unterwasserpflanzen keine 24 °C. Unter Schwimmblattbeständen kann die Temperaturdifferenz zum Freiwasser ebenfalls erheblich sein, wie GESSNER (1955) an tropischen Gewässern in Venezuela zeigen konnte, und jeder Schwimmteichbesitzer im Sommer unter den Seerosenblättern selbst fühlen kann. Dies zeigt deutlich, dass Wasserkörper extrem schlechte Wärmeleiter, aber sehr gute Wärmespeicher sind. Anders ausgedrückt: Hat sich unser Schwimmteich den Sommer über gut erwärmt, kann man auch unter mitteleuropäischen Klimabedingungen noch bis in den Oktober hinein schwimmen. Denn selbst wenn die Luft schon recht frisch ist, befindet sich die Badetemperatur unseres Teiches noch einige Zeit im angenehmen Bereich.

Die schlechte Leitfähigkeit des Wassers ist auch der Grund dafür, warum Schwimmteiche selbst im mediterranen Klima nicht überhitzen. Die Pflanzenbestände gedeihen prächtig und schaffen sich selbst ein schützendes Blätterdach, worunter sie selbst und vor allem das wichtige tierische Plankton Rückzugsplätze vor der Hitze finden. Deshalb ist es generell sehr wichtig, auch Wasserpflanzen mit Schwimmblättern einzusetzen.

Wasser

Wasser ist niemals gleich Wasser. Wenn es als Regen vom Himmel fällt, ist es noch fast reines H_2O. Doch kaum auf die Erde aufgetroffen, kann es sich mit den verschiedensten Mineralstoffen anreichern. Beim weiteren Eindringen in den geologischen Untergrund werden chemische Verbindungen aus dem Boden gelöst und geben Grund- und Quellwässern ihre jeweils individuelle und in der Regel recht konstante chemische Zusammensetzung.

Die im Wasser gelösten mineralischen Substanzen bestimmen in erheblichem Maße die Lebensbedingungen für Tiere, vor allem aber für die Pflanzen.

Die Limnologie hat für die Charakterisierung von natürlichen Seen in Bezug auf ihre Pflanzenwelt (einschließlich der Algen) den Kalziumgehalt mit einem Grenzwert von $Ca^{2+} < 15$ mg/l gewählt. Seen mit silikatisch geprägtem Untergrund, wie Gneis, Vulkangestein, Sandstein, werden als sogenannte „silikatisch geprägte Seen" bezeichnet. Liegt der Kalziumgehalt höher, handelt es sich um sogenannte „karbonatisch geprägte Seen".

Diese simple Aufteilung basiert auf der statistisch abgesicherten Beobachtung, dass der Kalziumgehalt eines Gewässers über die Pflanzenzusammensetzung der Unterwasserflora entscheidet. Dies gilt eingeschränkt auch für die Ufervegetation.

Für die Schwimmteiche kann man feststellen, dass die überwiegende Mehrzahl karbonatisch geprägte Gewässer sind, also Kalziumgehalte über 15 mg/l aufweisen. Und dies gilt auch für solche, die in sogenannten Weichwassergebieten errichtet worden sind. Der Grund liegt ganz einfach darin, dass das kalziumarme, relativ saure Füllwasser im Schwimmteich auf die eingebrachten kalkhaltigen Substrate trifft und es rasch zu einem Anstieg des im Wasser gelösten Kalziums bzw. seiner Reaktionsprodukte kommt.

Die wenigen sogenannten „Weichwasser-Schwimmteiche", also mit geringem Kalziumgehalt und mit leicht saurer Reaktion, sind nur schwer in ein relativ stabiles ökologisches Gleichgewicht zu bringen. Diese Spezialfälle sind nur etwas für erfahrene Schwimmteichplaner, denn sie setzen voraus, dass neben profunden Kenntnissen der Wasserchemie auch die entsprechenden Spezialisten unter den Pflanzenarten bekannt sind und zur Verfügung stehen. Die überwiegende Mehrzahl der Wasserpflanzen in Europa, etwa in einem Verhältnis von 3 : 1, bevorzugt Standorte mit karbonatreichem Wasser.

Boden und Substrat

Alles, was in Kontakt mit dem Wasserkörper des Schwimmteiches steht und lösliche Stoffe enthält, beeinflusst mehr oder weniger stark den Chemismus der Wasserqualität. Deshalb ist es sehr wichtig, dass Dichtungsmaterialien, Betonteile und Holz, aber auch Substrate und Filter, keine Stoffe in das Wasser abgeben und die eingebrachten Mineralstoffe zertifiziert sind. Nur durch die Zertifizierung kann man sicherstellen, dass die Qualität für den Zweck angemessen ist.

Aber auch das Gegenteil, die Adsorption, also die Stoffaufnahme, ist von großer Bedeutung. So können besonders porige, also mit großer Oberfläche ausgestattete Mineralstoffe, wie Zeolithe oder Lavagestein, wichtige Trägerstoffe für den Biofilm sein.

Die wichtigste Funktion der eingebrachten Mineralstoffe ist die als Pflanzsubstrat. Wasserpflanzen gedeihen am besten in einem nicht zu grobkörnigen Boden, der eine ausreichende Porenweite aufweist, damit frisches, also sauerstoffreiches Wasser hindurchströmen kann. Nur so ist ein Milieu vorhanden, welches ein üppiges Wachstum von Bakterien und anderen Organismen ermöglicht, die für die Mineralisation organischer Substanz, also die Nährstoffversorgung, zuständig sind. Sicher kann man nun einwenden, dass viele Unterwasserpflanzen auch im Schlamm gedeihen, denn viele Arten benötigen ihre Wurzeln lediglich zum Festhalten. Das ist zwar einerseits richtig, andererseits ist bekannt, dass auch echte Wasserpflanzen Nährstoffe über die Wurzeln aufnehmen, wenn diese im Bodengrund am Wuchsort vorhanden sind. Schlammboden ist also nur ein suboptimaler Wuchsort.

Wer schon einmal in pflanzenreichen, sauberen natürlichen Gewässern getaucht ist, wird festgestellt haben, dass die üppigsten Pflanzenbestände in einem lockeren Grobsand stehen, der seinerseits auf tonigen Schichten des geologischen Seegrundes aufliegt. Ein nicht zu feiner Sand und die Anwesenheit von Tonmineralen sind damit die wichtigsten Komponenten eines Wasserpflanzenbodens.

Achtung: Auf dem Markt sind verschiedene Teichsubstrate erhältlich, von denen längst nicht alle diesem hier beschriebenen natürlichen Vorbild eines Bodensubstrates für Wasserpflanzen entsprechen.

Doch, warum ist auf Dauer ein nährstoffarmer, nicht zu feiner Sand die beste Wahl? Echte Wasserpflanzen können große Teile ihres Nährstoffbedarfs direkt aus dem Wasser beziehen. Darauf sollten wir in den ersten Jahren setzen und die wichtigsten Tonminerale als Spurenelemente aus Spezialdüngern oder mittels eingebrachtem frischem Ton in Form kleiner Kugeln geben. Im Laufe der Zeit bilden die Wasserpflanzenbestände genügend organische Masse, die nach dem Absterben im Bereich der Pflanzenbestände sedimentiert und so der nächsten Generation auf ganz natürliche Weise als Nährstoffquelle dient. Dies funktioniert aber nur, wenn wir den für die Zersetzerorganismen im Boden so wichtigen Sauerstoff nicht ausschließen, also nicht zu feinkörniges Substrat einbringen.

Dass die Sauerstoffversorgung im Bodengrund ausreichend ist, zeigt uns eine Bodenprobe. Holen wir diese an die Luft, sollte sie niemals schwarz sein und faulig riechen, womöglich gar nach faulen Eiern. Letzteres ist ein Zeichen für Zersetzungsprozesse unter Sauerstoffmangel, die als Resultat Faulschlammbildung bewirken. Schwimmteichboden sollte dagegen eine graue Färbung aufweisen und mineralisch, würzig und keinesfalls unangenehm riechen. Man spricht hier auch von sogenanntem Grauschlamm, im Gegensatz zum unerwünschten Faulschlamm.

Kammmolche gehören zu den selteneren Bewohnern in Schwimmteichen, da sie – anders als andere Molcharten – neu entstandene Gewässer erst sehr spät besiedeln.

Tierwelt

Die zahlreich vorhandenen Tierarten im Schwimmteich üben, jede an ihrem Platz, einen erheblichen Einfluss auf den Lebensraum Schwimmteich aus. Jede Libelle und jeder Frosch agiert auf seine Weise biotopverändernd. Hat die Libellenlarve soeben noch eine Kaulquappe verspeist, so kann sie selbst schon in ein paar Tagen als fertiges Insekt dem Frosch als Futter dienen.

Im Lebensraum Schwimmteich lassen sich zahllose, derartige Beute-Jäger-Beziehungen aufstellen, und alle haben sie ihre Bedeutung für das gesamte System. Doch ist diese meist klein. Von entscheidender Bedeutung sind die Auswirkungen der zahllosen Insektenarten und deren Larven, die zwischen den Wasserpflanzen und im Bodengrund des Teiches leben. Viele von ihnen bereiten als Zerkleinerer die Arbeit der Mikroorganismen vor, die letztendlich für eine Mineralisierung der vorhandenen organischen Substanz sorgen und somit für den Nährstoffnachschub für die Pflanzen.

Dieses so wichtige Wirken im Verborgenen findet nicht immer das Interesse des Teichbesitzers. Er macht sich eher Sorgen um die größeren Tiere. So scheint das Heer der Kaulquappen bald zu einer Überbevölkerung der Frösche zu führen. Wo es ohnehin schon genug Quaker im Badebiotop gibt!

Frösche sind stets willkommen am Schwimmteich. Jede neue Generation bedeutet einen Export von Nährstoffen, denn die Froschjugend geht auf Wanderschaft zu neuen Gewässern.

Dass diese Sorge völlig unbegründet ist, wird im Laufe des Sommers deutlich, denn fast alle Jungfrösche verlassen das Gewässer auf der Suche nach neuen Lebensräumen – übrigens ein nicht zu unterschätzender Nährstoffexport, dieser Auszug der Jungfrösche!

Nehmen wir ein anderes Beispiel: Blattläuse auf den Seerosen! Entsetzlich, mögen viele denken, doch auch hier besteht die Möglichkeit, dass Bachstelzen und viele Raubinsekten mit den Blattläusen im Bauch das Gewässer verlassen.

Schlüpfende Libellen sind ein weiteres Kapitel. Wie viele Kaulquappen haben sie „auf dem Gewissen“? Fliegen sie davon, verlassen mit ihnen auch einige Mikrogramm Phosphat den Teich. Eigentlich winzig kleine Mengen, so

Einen Vierfachsprung ins Badevergnügen vertragen Schwimmteiche durchaus, wenn die Pflanzen zuvor einige Wochen Zeit zum Anwachsen hatten.

ein Fröschlein oder eine abhebende Libelle, aber in der Summe fällt dieser Nährstoffexport schon ins Gewicht, wenngleich er leider bei weitem nicht den Nährstoffimport ausgleicht, der allein durch die Luft in unser Badegewässer transportiert wird.

Badenutzung

Die Lebensbedingungen in Schwimmteichen werden auch erheblich durch die Badenden beeinflusst. Wer schwimmt, rührt den Wasserkörper in einem Maße um, wie es sonst nur ein Sturm vermag, was nicht unbedingt negative Folgen haben muss. Oft ist das Gegenteil der Fall, wie die Erfahrung zeigt: Ein gut beschwommener Schwimmteich zeigt nicht nur ein schöneres Bild, sondern auch ein gleichmäßigeres Pflanzenwachstum. Vermutlich weil die vom Schwimmen verursachte Wasserbewegung die karbonatarmen Wasserteile rund um die Pflanzen immer wieder neu mit karbonatreichem Wasser versorgt.

Mechanische Schäden durch den Badebetrieb an den Pflanzen sollten durch die Trennwände zwischen Bade- und Reinigungsteil ausgeschlossen sein. Allerdings kann pro Badegast und Tag mit einer Phosphatfracht von bis zu 0,1 mg gerechnet werden. So wird der Mensch zum Hauptverschmutzer im Badeteich. Allerdings ist er dort, im Vergleich mit natürlichen Gewässern, auch der Einzige, denn alle anderen Verschmutzungsquellen sollten konstruktiv ausgeschlossen sein.

Bedeutung und Funktion der Pflanzen in Schwimmteichen

In der Planungsphase eines Projektes schafft die Berücksichtigung ökologischer Daten und Umweltfaktoren die Voraussetzung, dass funktionstüchtige, harmonische und vor allem langlebige Teichbepflanzungen entstehen.

So, wie sich Naturgärten durch wenig Pflegeaufwand auszeichnen, ist auch bei einer Teichbepflanzung ein großer Erfolg mit wenig Aufwand zu erzielen, wenn die Bepflanzung im Einklang mit der Natur erfolgt.

Jeder, der sich schon einmal mit der Pflanzenauswahl für einen Teich oder Schwimmteich befasst hat, erinnert sich an die Schwierigkeit, passende Arten für die speziellen Verhältnisse in diesem Teich auszuwählen. Gartenteichbücher und Gärtnereikataloge geben eine gewisse Hilfestellung, berücksichtigen aber kaum die speziellen Wasserverhältnisse in Badebiotopen. Viele der auf genau diese Verhältnisse spezialisierten Arten kommen in ihnen meist überhaupt nicht vor. Im folgenden Kapitel soll die Frage beantwortet werden: Welche Pflanzen sind die richtigen für den Einsatz im Schwimmteich?

Bild oben: Aus der Weißen Seerose (Nymphaea alba) entwickelte sich eine Vielzahl von Seerosen-Hybriden – hier Nymphaea 'Marliacea Chromatella'. Bild unten: Die Flechtbinse (Schoenoplectus lacustris) ist neben dem Schilfrohr (Phragmites australis) eine wichtige Repositionspflanze.

Wasser- und Uferpflanzen

Wenn von „Wasserpflanzen" die Rede ist, meinen wir umgangssprachlich die ganze Vielfalt der am Ufer und im Wasser lebenden Gewächse. Von der bekannten Seerose bis zur Sumpf-Schwertlilie ist alles gemeint, ja sogar die den Höheren Pflanzen recht ähnlichen Armleuchteralgen werden von Laien als Wasserpflanzen tituliert.

Wenn wir das Ziel haben, Wasserpflanzen gezielt einzusetzen, um die Lebensbedingungen im Wasser, ja sogar die chemische Zusammensetzung der im Wasser gelösten Stoffe zu beeinflussen, brauchen wir ein differenziertes Verständnis vom Begriff „Wasserpflanzen". Die Botanik kennt die Einteilung gemäß ihren Standorten am und im Wasser und bezieht auch noch die Wuchsformen mit ein.

Die **Helophyten**, also die Uferpflanzen, sind, anders als Landpflanzen, durch eine besondere Anpassung in der Lage, dort zu wurzeln, wo andere Pflanzen wegen der andauernden Überflutung ihrer Wurzeln schnell eingehen würden. Wie schaffen sie es, sich in wassergesättigtem, sauerstoffarmem Bodengrund anzusiedeln? Ausschlaggebend ist in diesem Zusammenhang ihr zweifaches Wurzelsystem. Neben Wurzeln besitzen viele Ried- und Röhrichtarten auch noch Rhizome. Das sind wurzelartige, sich meist in alle Richtungen ausbreitende Triebe, die einerseits zu einer raschen, flächigen Ausbreitung der Pflanze und andererseits zu einer optimalen Befestigung der Stängel in schlammigem Milieu beitragen. Entscheidend für das Gedeihen der Pflanze an diesem amphibischen Standort ist jedoch das Durchlüftungsgewebe (Aerenchym), welches die im durchnässten Boden treibenden Befestigungsorgane auszeichnet. Durch luftgefüllte Zellzwischenräume versorgt die Pflanze ihr Wurzel- und Rhizomsystem mit Luftsauerstoff.

Die meisten **Hydrophyten**, also die Unterwasserpflanzen, benötigen kein Durchlüftungsgewebe in ihren Wurzeln. Diese Wurzeln sind meist klein, zeigen keine Ausbreitungstendenz in der Fläche und dienen hauptsächlich der Verankerung im Bodengrund. Manche Gattungen, wie das Hornblatt (*Ceratophyllum*) und der Wasserschlauch (*Utricularia*), verzichten ganz auf Wurzeln. Viele echte Wasserpflanzen sind in der Lage, an abgerissenen Blatttrieben neue Wurzeln zu bilden und damit neue Wuchsplätze im Gewässer schwimmend zu erreichen. Der Hauptgrund der zunehmenden Bedeutungslosigkeit der Wurzelorgane bei den Hydrophyten ist ihre perfekte Anpassung an das Leben unter Wasser, indem sie nämlich die gelösten Nährstoffe unmittelbar aus dem die Blätter umgebenden Wasser aufnehmen. So konnte bereits vor Jahrzehnten experimentell an Laichkrautarten gezeigt werden, dass Phosphate und andere Anionen aktiv von der Pflanze mit den Blättern aus dem Wasser aufgenommen werden. Dabei kommt es zu erstaunlich viel höheren Phosphatwerten im Zellwasser der Blattmasse als im Umgebungswasser (vgl. z.B. Denny und Weeks 1968). Die bei echten Wasserpflanzen oft zu beobachtende Schlitzblättrigkeit (Beispiele sind Wasser-Hahnenfuß-Arten, Hornkraut, Tausendblatt, Wasserschlauch) wird als Optimierung dieser Funktion gedeutet.

Von manchen Pflanzen existiert sogar eine Land- und eine Unterwasserform. An einigen dieser Gattungen (*Oenanthe*, *Anagallis* und *Lysimachia*) konnte gezeigt werden, dass die Wasserformen einen erheblich höheren Mineralstoffgehalt aufweisen, als die Landformen der gleichen Art. Nach Gessner (1955) verläuft somit der Stoffwechsel unter Wasser intensiver als an der Luft, was wir uns beim Einsatz der Wasserpflanzen im Schwimmteich zunutze machen.

Wir werden sehen, dass die Fähigkeit der direkten Nährstoffaufnahme aus dem Wasser bei den echten Wasserpflanzen sowie das Durchlüftungsgewebe der Wurzelorgane der Uferpflanzen zwei entscheidende Eigenschaften sind, die es uns ermöglichen, Schwimmteiche auf lange Zeit in einem relativ stabilen ökologischen Gleichgewicht zu halten und Badewasserqualität zu erzeugen.

Pflanzen an natürlichen Standorten

Schauen wir uns ein besonntes Seeufer eines augenscheinlich sauberen Gewässers an, und zwar vom Wasser aus – von der tiefsten Zone, wo noch genügend Licht auf den Seegrund drängt, bis in das Uferröhricht hinein bestimmen Pflanzen das Bild. Wir unterscheiden vollständig unter Wasser lebende Formen, solche mit zusätzlichen Schwimmblättern, reine Schwimmblattarten, wurzellose „Schwimmer“ und auch „Schweber“ sowie die große Zahl der unter Wasser wurzelnden, aber über dem Wasser assimilierenden Arten.

Uns fällt aber noch mehr auf: Offenbar werden große Flächen gleicher Wassertiefe von nur ein oder zwei Arten dominiert. Bestes Beispiel: Im Schilfröhricht werden wir neben dem Schilfrohr kaum eine weitere Art und ganz sicher keinen zweiten Röhrichtbildner finden.

Vom Wasser aus unterscheiden wir deutlich ausgedehnte Unterwasserrasen, die hellgrün aus ein paar Metern Tiefe heraufleuchten. Landwärts daran anschließend wachsen Seerosen, aber nicht üppig wuchernd, sondern als hätten sie um das Hervorbringen eines jeden Blattes kämpfen müssen. Hinter diesem lichten Schwimmblattgürtel stehen die hoch aus dem Wasser herausstechenden Halme der Flechtbinse (*Schoenoplectus lacustris*), noch aus fast zwei Metern Tiefe aufsteigend. Zum flachen Ufersaum hin verläuft ein halmstarker, aber doch lichter Schilfgürtel mit Stängeln, kaum mehr als einen Meter hoch aus dem Wasser ragend.

Betrachten wir den gesamten See, so unterscheidet sich das Uferbild nirgends – überall sind drei Pflanzenzonen in gleicher Abfolge vorhanden: Unterwasserpflanzen, Schwimmblattpflanzen und Röhrichtpflanzen. Diese drei Gruppen bilden an nicht baumbestandenen, sauberen Gewässern Bestände, die ringartig das offene Wasser in der Mitte umschließen. Und noch eines zeigt der Rundblick: viele Exemplare aus wenigen Arten.

Offenbar führen konstante, über längere Zeiträume (Jahrzehnte) nicht veränderte Umweltfaktoren zur Ausbildung von für den Standort typischen Pflanzengemeinschaften. Wir können also erwarten, an einem zweiten Gewässer derselben Gegend mit ähnlichen Bedingungen, wie Wassertiefe, Besonnung, Windausrichtung und vor allem chemischer Zusammensetzung des Wassers, genau die gleiche Artenzusammensetzung vorzufinden.

Die Pflanzensoziologie, der Teilbereich der Botanik, der das Zusammenleben der Pflanzen beschreibt, kennt als grobe Einteilung der Pflanzenwelt die in ihrer Hierarchie abfallenden Kategorien: Klassen, Ordnungen, Verbände und Gesellschaften. Sie alle sind Gruppen mit stets ähnlicher Zusammensetzung von Arten, die bei gleichen ökologischen Voraussetzungen immer wieder so zusammengesetzt in der Natur anzutreffen sind.

Natürlich ist die Pflanzensoziologie nur ein Näherungsbild der Natur, gewissermaßen ein gut begründeter Versuch, der dem Zweck dient, etwas Verständnis in das „grüne Durcheinander" zu bringen.

Wir haben es insofern einfach, als dass alle Wasser- und Uferpflanzen in der Kategorie der „Süßwasser- und Moorvegetation" pflanzensoziologisch vereint sind, jedenfalls wenn wir uns an die von Ellenberg und Mitarbeitern (1992) in ihrer Arbeit über die Zeigerwerte beschriebene Einteilung halten. In dieser finden wir folgende Klassen:

1.1 Wasserlinsen-Decken,
1.2 Wasserschlauch-Schwimmgesellschaften,
1.3 Wasserpflanzengesellschaften,
1.4 Strandlingsgesellschaften,
1.5 Röhrichte und Seggenrieder,
1.6 Quellfluren,
1.7 Kleinseggenrieder und Ähnliche,
1.8 Hochmoore und Moorheiden.

Wenn wir als Beispiel die Klasse 1.3 herausnehmen, so besteht diese nur aus einer Ordnung. Sie wird wie folgt bezeichnet:
1.31 Potamogetonetalia.

In diesem Kunstwort, das sich durch seine Endung „-etalia" als Bezeichnung einer Ordnung im pflanzensoziologischen Sinn zu erkennen gibt, steckt das Wort *Potamogeton*, also Laichkraut. Es handelt sich hier also um die Ordnung der Laichkräuter innerhalb der Klasse der Wasserpflanzengesellschaften.

In Mitteleuropa kennt die Ordnung Potamogetonetalia drei Verbände, womit wir auf der dritten pflanzensoziologischen Verfeinerungsstufe angelangt sind. Sie heißen:
1.311 Potamogetonion (pectinati),
1.312 Nymphaeion (albae),
1.313 Ranunculion fluitantis.

Mit ein wenig Kenntnis der wissenschaftlichen Pflanzennamen haben wir bereits erkannt, dass hier offenbar zwischen den Ordnungen des Kamm-Laichkrautes, der Weißen Seerose und des Schwimmenden Hahnenfußes unterschieden wird.

Doch warum ist das, was die Botaniker da an Beschreibungshilfe für die Natur entwickelt haben, so wichtig für uns als „Schwimmteichbauer" und was sollen die Zahlen?

Die letzte Frage ist schnell beantwortet. Die Zahlen helfen bei der Orientierung – wer gehört zu wem? – und werden später noch ein wichtiges Hilfsmittel bei der Planung der Schwimmteichbepflanzung sein.

Gewisse pflanzensoziologische Grundkenntnisse sind eine Voraussetzung, wenn wir verstehen wollen, was es mit den Wechselwirkungen von Pflanzenwelt und Wasser auf sich hat. Denn Pflanzengesellschaften, also standorttypische, naturgegebene Artenzusammenstellungen, sind ein wichtiger Zeiger für den ökologischen Zustand eines Gewässers. Wir erhalten gewissermaßen auf einen Blick Aussagen zur Nährstoffsituation und zum Säuregrad des Wassers. In bestimmten Grenzen können sogar schon einzelne Arten diese Hinweise für uns enthalten, wie wir noch am Beispiel der sogenannten Präferenzarten sehen werden.

Grundkenntnisse der Pflanzensoziologie haben im Zusammenhang mit dem Thema dieses Buches große Bedeutung. Sollten Schwimmteiche, oft auch als „naturnahe Badegewässer" bezeichnet, nicht das nachformen, was die Natur vorgibt, um nachhaltig Badewasserqualität zu bieten?

Gesellschaft des Schwimmenden Laichkrautes (Potamogeton natans) an einem natürlichen Standort. Wie oft bei Wasserpflanzen bilden sich Ein-Art-Gesellschaften aus.

Pflanzenauswahl und Pflanzplanung

Wenngleich es inzwischen eine Vielzahl von gestalterischen und technischen Lösungen in der Schwimmteichbranche gibt, so setzen fast alle Unternehmen und wohl sämtliche Selbstbauer auf mehr oder weniger üppig bepflanzte Bereiche in ihrem Badebiotop. Ganz gleich wie groß nun die Rolle dieser Pflanzenbestände bei der Reinigungsleistung sein mag, es sollte eigentlich immer ein Kriterium hinter der getroffenen Pflanzenauswahl stehen.

Im Kontakt mit vielen Fachkollegen auf Kongressen und bei anderen Gelegenheiten haben die Verfasser dieses Buches feststellen müssen, dass das Hauptkriterium der Pflanzenauswahl die Verfügbarkeit der Arten beim Lieferanten ist. Ein erstaunliches Ergebnis!

Wenn man bedenkt, dass die Idee der Schwimmteiche letztlich eine Weiterentwicklung der Gartenteichidee ist und bis heute fast überall auch die Begegnung mit der Natur einer der wichtigsten Gründe ist, warum Schwimmteiche entstehen, erstaunt es schon, dass die Frage „Warum wähle ich für meinen Schwimmteich diese oder jene Pflanze?" bislang derart vernachlässigt worden ist.

Nun könnte man meinen, die Auswahl der richtigen Pflanzenart sei eben unbedeutend. Doch zeigt ein Blick auf die Bepflanzung vieler Schwimmteiche, dass die falsche Pflanze am falschen Standort nicht nur ein gestalterisches Problem darstellt, sondern auch schnell zur Verschlechterung der Wasserqualität führt und somit zur Beeinträchtigung des am höchsten zu bemessenden Wertes eines jeden Badebiotopes. Klares Badewasser ist schließlich das Ziel aller Bemühungen.

Hinter jeder Pflanzenauswahl sollte ein Konzept stehen, damit die Arten im Schwimmteich die ihnen zugeordnete Funktion erfüllen können.

Die falsche Art am falschen Platz wird nichts als ihre Biomasse im Teich hinterlassen, also absterben und ihr einziger Beitrag ist eine Nährstoffanreicherung des Gesamtsystems. Gleiche Folgen können Fehler bei der Artenzusammenstellung haben, denn das Verdrängen weniger konkurrenzstarker Pflanzen ist nichts anderes als wieder eine Nährstoffzunahme, abgesehen von der ästhetischen Minderung der Gesamtanlage, wenn Pflanzenarten verschwinden.

Geeignete und ungeeignete Arten

Wenn wir auf die europäische Artenliste der Ufer- und Wasserpflanzen schauen, können wir 190 Arten zählen, von denen etwa die Hälfte im Pflanzenhandel zu finden ist. Hinzu kommen 10 bis 20 nordamerikanische und asiatische Arten. Einige wenige ausgesprochene Exoten, wie die Papageienfeder (*Myriophyllum aquaticum*) oder die Wasserhyazinthe (*Eichhornia crassipes*), ergänzen das Sortiment. Gerade die beiden letztgenannten Arten sollten jedoch nicht in Schwimmteichen zum Einsatz kommen, da sie in einigen südeuropäischen Ländern als extrem invasive Arten schon zu gewaltigen Umweltschäden geführt haben. Aus diesem Grunde ist zum Beispiel in Portugal nicht nur

der Handel, sondern sogar der Besitz von Exemplaren der Papageienfeder und der Wasserhyazinthe gesetzlich verboten!

In der Praxis bleiben aber nur rund 60 bis 70 Pflanzenarten übrig, die von Wasserpflanzengärtnereien in großen Mengen produziert werden und potentiell als Bepflanzung im Schwimmteichbau zur Verfügung stehen.

Welche Kriterien haben wir bei der Pflanzenauswahl für unseren Schwimmteich? Wir können nach ästhetischen Kriterien vorgehen, also nach Formen, Farben und nach dem, was gefällt. Wir können nach dem Beitrag der Pflanzen urteilen, den sie bei der Wasserreinigung haben. Wir können Kriterien der Natur- und Umwelterziehung heranziehen, um zum Beispiel in der Natur bedrohte Arten zu fördern.

In diesem Buch wird ein für Schwimmteiche bislang noch nicht vorgestellter Ansatz verfolgt: das Kriterium der ökologischen Präferenz und der pflanzensoziologischen Beziehungen der Arten untereinander.

Die Wasserhyazinthe aus Südamerika (Eichhornia crassipes) ist ein Exot, der weltweit große Umweltschäden anrichtet, indem er sich unkontrolliert über große Wasserflächen ausbreitet und so die natürliche Vegetation verdrängt.

Bestimmen der ökologischen Rahmenbedingungen

Unter ökologischer Präferenz der Arten versteht man die Toleranzbreite gegenüber Standortfaktoren in der Natur. Somit ist die ökologische Präferenz einer Pflanzenart unser wichtigstes Auswahlkriterium zur Erstellung der Pflanzenliste eines Schwimmteiches.

Es wurde im vorherigen Teil schon klar, dass wir die in der Natur beobachteten Verhältnisse durchaus auf unser künstliches Gewässer übertragen dürfen, da die Wasserqualität mögliche andere auf die Pflanzen einwirkende Standortfaktoren entweder stark überstimmt oder diese anderen Faktoren (zB. mangelhafte Wassertiefe oder Lichtmangel) ein Gedeihen der Wasserpflanzen überhaupt nicht zulassen.

Betrachten wir die Rahmenbedingungen, die auf den Pflanzenwuchs im Schwimmteich vor allem einwirken, etwas näher:

- die vor Ort gegebene Wasserqualität und deren mögliche Veränderung durch mineralische Zuschlagstoffe bzw. durch das sich etablierende Ökosystem,
- den gewählten Bodengrund für Ufer- und Unterwasserpflanzen,
- die Wassertiefe,
- die Exposition und das Lichtangebot in den einzelnen Teichabschnitten,
- mögliche Wasserbewegungen, sei es durch Pumpen, Wasserfälle, Bachläufe oder durch den Badebetrieb.

Die drei letzten Punkte betreffen Fragen der Standortwahl innerhalb der gegebenen Strukturen. Sie ergeben sich also relativ leicht beim Erstellen des Pflanzplanes als Zwangsvorgaben aus vorhergehenden Planungsschritten (Wassertiefen, Ufergestaltung, eingesetzte Technik usw.).

Die Frage des Bodengrundes, Punkt zwei der zu bedenkenden Rahmenbedingungen, bedarf allerdings einiger weiterer Überlegungen. Wie auf Seite 50 bereits ausgeführt, sollten die Pflanzsubstrate so gewählt werden, dass die Pflanzen leicht wurzeln können und gleichzeitig Substratmischung und Korngröße eine ausreichende Sauerstoffversorgung des Bodens erlauben.

Zu jedem Projekt sollte deshalb ein Material- bzw. Substratplan erstellt werden, in dem neben Angaben zu eventuell nötigen Fundamenten, Uferwegen, Terrassen usw. außerhalb des Wassers folgende Angaben zur Substrat-

Die Seekanne (Nymphoides peltata) ist eine unserer schönsten Schwimmblattarten, aber recht anspruchsvoll in der Nährstoffversorgung.

wahl innerhalb des Wassers enthalten sein sollten:

- Spezifikation von Spezialsubstraten, z.B. für Seerosen,
- Grobkies oder Gerölle zur Ufergestaltung mit wenig oder gar keinen Pflanzen,
- Platzierung von Findlingen mit Angaben zu möglicherweise notwendigen Unterbauten (Kippelschutz) bzw. Fundamenten,
- Angaben zur Materialwahl in Bachläufen, wo die Körnung des Materials so gewählt werden muss, dass der Wasserstrom das Substrat nicht wegspült,
- Quellsteine.

Im Plan werden die Materialien in Qualität und Menge genau angegeben. Wichtig sind auch Informationen zur Schichthöhe des aufzubringenden Substrates. Wo mehrere Lagen verschiedener Materialien übereinander einzubringen sind, müssen Detailangaben zum Schichtenaufbau erfolgen.

Während bei der Ausarbeitung des Materialplans bei jedem neuen Projekt immer wieder auf Bewährtes zurückgegriffen werden kann, muss beim wichtigsten Kriterium der ökologischen Rahmenbedingungen, dem Wasser, stets eine neue Beurteilung der Situation erfolgen. Wie auf Seite 103 beschrieben, sollte deshalb jedes Schwimmteichprojekt mit der Analyse der Qualität des am Ort zur Verfügung stehenden Wassers beginnen. Die mineralischen Beimengungen des Füllwassers haben entscheidenden Einfluss auf den Wachstumserfolg der echten Unterwasserpflanzen, da diese ihren Nährstoffbedarf ausschließlich unter Wasser decken. Dabei spielt die Assimilation über die grünen Pflanzenteile eine Hauptrolle, die Wurzeln sind eher als Haftorgane zu betrachten.

Welche Bedeutung die chemische Zusammensetzung des Wassers für die Entwicklung von Wasserpflanzen hat, kann am Beispiel einer breit angelegten Untersuchung an Hunderten von Schwimmblattgesellschaften an natürli-

Tab. 4. Kalium-, Ammonium-, Nitrat- und Phosphatwerte (mg/l) von Schwimmblattgesellschaften an natürlichen Standorten in Polen (nach SZANKOWSKI und KLOSOWSKI 1999, verändert).

Parameter	Gesellschaft	n	Minimum	Maximum	Mittelwert
Kalium	Schwimmendes Laichkraut (*Potamogetonetum natantis*)	53	0	2,50	1,00
Ammonium			0	0,75	0,40
Nitrat			0	0,15	0,07
Phosphat			0	0,20	0,05
Kalium	Seekanne (*Nymphoidetum peltatae*)	28	1,50	6,00	3,50
Ammonium			0	1,40	0,70
Nitrat			0,05	1,20	0,35
Phosphat			0,10	1,00	0,30
Kalium	Wassernuss (*Trapetum natantis*)	26	1,60	10,00	6,00
Ammonium			0,10	0,20	0,15
Nitrat			0,05	0,10	0,08
Phosphat			0,10	0,80	0,30

n = Zahl der untersuchten Bestände

chen Standorten in Polen gezeigt werden. Die Tabelle 4 gibt die Ergebnisse von drei Schwimmblattgesellschaften in Bezug auf vier im Wasser gelöste Pflanzennährstoffe wieder. Es zeigt sich, dass zum Beispiel an Standorten mit Gesellschaften der Wassernuss (*Trapa natans*) Ammonium und Nitrat im Wasser kaum gelöst vorkamen, während ganz andere Standorte mit Gesellschaften der Seekanne (*Nymphoides peltata*) vergleichsweise hohe Werte von NH_4 und NO_3 aufwiesen. Daraus lässt sich leicht die Vermutung ableiten, dass kaum Wahrscheinlichkeit besteht, beide Gesellschaften jemals im selben Gewässer anzutreffen.

Viele derart genaue Korrelationen zwischen dem Vorkommen bestimmter Wasserpflanzenarten und Wasserwerten liegen bislang nicht vor. Sie würden auch für die Praxis der Pflanzplanung für Schwimmteiche wenig bringen, da das Vorkommen einer Art an einem bestimmten Standort nicht allein von den

Tab. 5. Neunteilige R- und N-Zahlenreihen im Gefälle der Umweltfaktoren unter Freilandbedingungen, d.h. unter Bedingungen starker natürlicher Konkurrenz (nach ELLENBERG et al. 1992, leicht verändert)

R = Reaktionszahl Vorkommen im Gefälle der Wasserreaktion	
1	**Starksäurezeiger**, niemals in schwachsaurem bis alkalischem Wasser vorkommend
2	zwischen 1 und 3 stehend
3	**Säurezeiger**, Schwergewicht in saurem Wasser, ausnahmsweise bis in den neutralen Bereich
4	zwischen 3 und 5 stehend
5	**Mäßigsäurezeiger**, in stark saurem wie auf neutralem bis alkalischem Wasser selten
6	zwischen 5 und 7 stehend
7	**Schwachsäure- bis Schwachbasenzeiger**, niemals in stark saurem Wasser
8	zwischen 7 und 9 stehend, d.h. meist auf Kalk weisend
9	**Basen- und Kalkzeiger**, stets auf in kalkreichem Wasser
N = Nährstoffzahl Vorkommen im Gefälle der Mineralstickstoffversorgung während der Vegetationszeit	
1	**Stickstoffärmste** Standorte anzeigend
2	zwischen 1 und 3 stehend
3	Auf **stickstoffarmen** Standorten häufiger als auf mittelmäßigen und nur ausnahmsweise auf reicheren
4	zwischen 3 und 5 stehend
5	**Mäßig stickstoffreiche** Standorte anzeigend, auf armen und reichen seltener
6	zwischen 5 und 7 stehend
7	An **stickstoffreichen** Standorten häufiger als auf mittelmäßigen und nur ausnahmsweise auf ärmeren
8	zwischen 7 und 8 stehend
9	An **übermäßig stickstoffreichen** Standorten konzentriert (Verschmutzungszeiger)

Wasserwerten abhängt, sondern viele weitere Faktoren das Überleben einer Art bestimmen. Diesem Rechnung tragend, hat der Botaniker HEINZ ELLENBERG mit seinen „Zeigerwerten“ entlang einer neunteiligen Skala zu bestimmen versucht, welche ökologische Präferenz europäische Sippen von Gefäßpflanzen in Bezug auf wichtige Wuchsfaktoren haben. Solche Zeigerwerte gibt es für klimatische Faktoren (Licht, Wärme und Kontinentalität) und Bodenfaktoren (Feuchtigkeit, Bodenreaktion und Stickstoffversorgung sowie Salzgehalt). Es ist zu betonen, dass es sich dabei um das ökologische Verhalten der Arten unter den Bedingungen der natürlichen Vergesellschaftung handelt. Da die Lebensbedingungen der Pflanzen in Schwimmteichen denen an natürlichen Standorten sehr nahe kommen, spricht nichts gegen eine Verwendung von ELLENBERGS Zeigerwerten (ELLENBERG et al. 1992).

Die Qualität des Füllwassers ist der entscheidende Faktor für den Erfolg eines Schwimmteichprojektes. Gleichzeitig ist dies auch die wichtigste ökologische Rahmenbedingung für die Entwicklung des Pflanzenbestandes.

Erstmals wird hier nun vorgeschlagen, unter Verwendung der Angaben von ELLENBERG zur ökologischen Präferenz der in Schwimmteichen eingesetzten Pflanzenarten (siehe Tab. 5 auf Seite 77 sowie die vollständige Artenliste in Tab. 18, Seite 117), die Reaktion des Wassers (R-Wert, nach ELLENBERG et al. 1992) und die Nährstoffversorgung (N-Wert, nach ELLENBERG et al. 1992) in Bezug zu den Ausgangswerten des verwendeten Füllwassers zu stellen. Damit wird erstmals auf wissenschaftlicher Basis eine Korrelation zwischen Wasserwerten und Pflanzenauswahl für Schwimmteichprojekte hergestellt.

Artenauswahl nach Standortfaktoren

In diesem Abschnitt wird Schritt für Schritt gezeigt, wie die Wasserwerte des Füllwassers in Bezug gesetzt werden zu den ökologischen Präferenzen der zur Verfügung stehenden Pflanzenarten.

Zunächst wird beurteilt, ob wir es mit silikatisch oder mit karbonatisch geprägtem Wasser zu tun haben. Die Limnologie hat dazu einen Wert von 15 mg/l Kalzium festgelegt, das heißt, hat ein Gewässer einen Wert unter 15 mg/l Kalzium wird es als silikatisch bezeichnet, liegt der Wert darüber, als karbonatisch. Da Wasseranalysen oft nicht den reinen Kalziumgehalt angeben, kann man folgende andere Parameter ersatzweise benutzen. 15 mg/l Kalzium entsprechen etwa

- 3 °dH (Härtegrad) oder
- 54 mg/l $CaCO_3$ (Kalziumkarbonat) oder
- 30 mg/l CaO (Kalziumoxid).

Sollte das zur Verfügung stehende Wasser tatsächlich silikatisch geprägt sein, muss eventuell über eine Kalkung des Füllwassers bzw. des fertigen Schwimmteiches entschieden werden. Näheres dazu im Kapitel „Unterhalt und Pflege“ auf Seite 95.

Sind der Reaktionswert R und der Nährstoffwert N für die Wasserwerte unseres Projektes bestimmt, kann mit Hilfe der Gesamtartenliste der für Schwimmteichprojekte in Mitteleuropa zur Verfügung stehenden Pflanzen (siehe Tab. 18, Seite 117) eine Artenauswahl getroffen werden, die weitgehend den Standortbedingungen und dem Nährstoffangebot im anzulegenden Badegewässer entspricht.

Pflanzenauswahl am Computer

Hilfreich für folgendes Verfahren ist eine digitalisierte Liste der Pflanzen Mitteleuropas, die ebenfalls die Zeigerwerte, im konkreten Fall sowohl den R-, den N-Wert, als auch die SOZ-Werte enthält. Mit Hilfe eines Tabellenprogramms kann nun die 190 Arten umfassende Liste über Sortierfunktionen bearbeitet werden.

Dazu wird die Gesamtartenliste als Erstes nach ihrem R-Wert aufsteigend sortiert. Solche Arten, deren R-Wert um mehr als einen Zähler vom Zielwert abweicht, werden im Folgenden als durchgestrichen dargestellt.

In einem zweiten Schritt wird die Gesamtartenliste nun nach ihrem N-Wert aufsteigend sortiert. Solche Arten, deren N-Wert um mehr als einen Zähler vom Zielwert abweicht, werden durchgestrichen.

Der Abgleich beider Sortierungen (nach R-Wert und N-Wert) ergibt als ausgewählte Arten diejenigen, die für die Wasserqualität in Frage kommen, da sowohl R- als auch N-Wert nicht von den Zielwerten abweichen. In ihrer ökologischen Präferenz (ausgedrückt durch den R-Wert und N-Wert der jeweiligen Art) lassen sie erwarten, dass sie in der zu erwartenden chemischen Wasserzusammensetzung gut gedeihen werden. Alle übrigen (durchgestrichenen) Arten kommen für das Schwimmteichprojekt nicht in Frage. Der Wert x bezeichnet indifferente Arten, die keiner ökologischen Präferenz zuzuordnen sind. Sie können in der Regel überall eingesetzt werden.

Instrumente für das computergestützte Auswahlverfahren:

- Tabellenprogramm mit Sortierfunktionen,
- digitalisierte Liste der Wasserpflanzen mit Angaben ihrer ökologischen Präferenz (R- und N-Wert).

Beispiel zur Auswahl von Pflanzenarten

In unserem Beispiel (Tab. 6) wenden wir oben Gelerntes anhand einer Liste von zehn Arten an, die alphabetisch sortiert ist. Aus ihr können die geeigneten Pflanzen ausgewählt werden (siehe auch vollständige Artenliste in Tab. 18, Seite 117).

Tab. 6. Pflanzenliste – alphabetisch sortiert

Gattung	Art	Deutscher Name	R	N	SOZ
Alisma	*lanceolatum*	Lanzettblättriger Froschlöffel	7	5	1.510
Alisma	*plantago-aquatica*	Gewöhnlicher Froschlöffel	x	8	1.500
Butomus	*umbellatus*	Schwanenblume	x	7	1.511
Hippuris	*vulgaris*	Tannenwedel	8	x	1.511
Iris	*pseudacorus*	Sumpf-Schwertlilie	x	7	1.510
Myriophyllum	*alterniflorum*	Wechselblütiges Tausendblatt	6	3	1.410
Myriophyllum	*spicatum*	Ähriges Tausendblatt	9	7	1.310
Phragmites	*australis*	Gewöhnliches Schilfrohr	7	7	1.511
Potamogeton	*lucens*	Glänzendes Laichkraut	6	7	1.310
Potamogeton	*polygonifolius*	Knöterich-Laichkraut	3	2	1.400

Die Werte der Füllwasseranalyse ergaben für unser Beispiel den Reaktionswert R = 8. Die zehn Arten werden nach ihrem R-Wert aufsteigend sortiert (Tab. 7). Die Arten, deren R-Wert um mehr als einen Zähler vom Zielwert R = 8 abweicht, werden durchgestrichen. Die Treffer sind rot markiert.

Die Sumpfschwertlilie (Iris pseudacorus) blüht im Frühjahr und gehört an jeden Schwimmteich.

Tab. 7. Pflanzenliste – nach aufsteigendem R-Wert sortiert (Auswahl nach R = 8)

Gattung	Art	Deutscher Name	R	N	SOZ
Alisma	*plantago-aquatica*	Gewöhnlicher Froschlöffel	x	8	1.500
Butomus	*umbellatus*	Schwanenblume	x	7	1.511
Iris	*pseudacorus*	Sumpf-Schwertlilie	x	7	1.510
~~*Potamogeton*~~	~~*polygonifolius*~~	~~Knöterich-Laichkraut~~	3	2	~~1.400~~
~~*Myriophyllum*~~	~~*alterniflorum*~~	~~Wechselblütiges Tausendblatt~~	6	3	~~1.410~~
~~*Potamogeton*~~	~~*lucens*~~	~~Glänzendes Laichkraut~~	6	7	~~1.310~~
Alisma	*lanceolatum*	Lanzettblättriger Froschlöffel	7	5	1.510
Phragmites	*australis*	Gewöhnliches Schilfrohr	7	7	1.511
Hippuris	*vulgaris*	Tannenwedel	8	x	1.511
Myriophyllum	*spicatum*	Ähriges Tausendblatt	9	7	1.310

Tab. 8. Pflanzenliste – nach absteigendem N-Wert sortiert (Auswahl nach N = 7)

Gattung	Art	Deutscher Name	R	N	SOZ
Alisma	*plantago-aquatica*	Gewöhnlicher Froschlöffel	x	8	1.500
Butomus	*umbellatus*	Schwanenblume	x	7	1.511
Iris	*pseudacorus*	Sumpf-Schwertlilie	x	7	1.510
Myriophyllum	*spicatum*	Ähriges Tausendblatt	9	7	1.310
Phragmites	*australis*	Gewöhnliches Schilfrohr	7	7	1.511
Potamogeton	*lucens*	Glänzendes Laichkraut	6	7	1.310
~~*Alisma*~~	~~*lanceolatum*~~	~~Lanzettblättriger Froschlöffel~~	7	5	~~1.510~~
~~*Myriophyllum*~~	~~*alterniflorum*~~	~~Wechselblütiges Tausendblatt~~	6	3	~~1.410~~
~~*Potamogeton*~~	~~*polygonifolius*~~	~~Knöterich-Laichkraut~~	3	2	~~1.400~~
Hippuris	*vulgaris*	Tannenwedel	8	x	1.511

Tab. 9. Pflanzenliste – nach R- und N-Wert abgeglichen (Ergebnis nach R = 8 und N = 7)

Gattung	**Art**	**Deutscher Name**	**R**	**N**	**SOZ**
Alisma	*lanceolatum*	Lanzettblättriger Froschlöffel	7	5	1.510
Alisma	*plantago-aquatica*	Gewöhnlicher Froschlöffel	x	8	1.500
Butomus	*umbellatus*	Schwanenblume	x	7	1.511
Hippuris	*vulgaris*	Tannenwedel	8	x	1.511
Iris	*pseudacorus*	Sumpf-Schwertlilie	x	7	1.510
~~*Myriophyllum*~~	~~*alterniflorum*~~	~~Wechselblütiges Tausendblatt~~	6	3	~~1.410~~
Myriophyllum	*spicatum*	Ähriges Tausendblatt	9	7	1.310
Phragmites	*australis*	Gewöhnliches Schilfrohr	7	7	1.511
Potamogeton	*lucens*	Glänzendes Laichkraut	6	7	1.310
~~*Potamogeton*~~	~~*polygonifolius*~~	~~Knöterich-Laichkraut~~	3	2	~~1.400~~

Die Werte der Füllwasseranalyse ergaben im Beispiel den Nährstoffwert N = 7. Die zehn Arten werden nach ihrem N-Wert absteigend sortiert (Tab. 8). Solche Arten, deren N-Wert um mehr als einen Zähler vom Zielwert N = 8 abweicht, werden durchgestrichen. Die Treffer sind rot markiert.

Der Abgleich beider Sortierungen (nach R-Wert und N-Wert) ergibt, dass zwei Arten keinesfalls für die Wasserqualität in Frage kommen, da sowohl R- als auch N-Wert zu stark von den Zielwerten abweichen (Tab. 9). Die blau markierten Arten weichen nur um einen Zähler von den Zielwerten ab.

Zu diesem Verfahren der Orientierung an den Zeigerwerten muss noch Folgendes angemerkt werden. Das Verfahren basiert auf einer „Mathematisierung“ von Naturphänomenen, das heißt, die von Ellenberg eingeführte neunteilige Skala kann nur annäherungsweise die tatsächlichen Verhältnisse in der Natur beschreiben.

Die Verfasser dieses Buches haben das hier beschriebene Verfahren der Pflanzenauswahl in den vergangenen Jahren an zahlreichen Schwimmteichprojekten erprobt. Darunter waren auch einige Extrembeispiele von sehr saurem, extrem nährstoffarmem oder auch sehr kalkhaltigem Wasser. Bei Berücksichtigung der mineralischen Zusammensetzung des Füllwassers bei der Auswahl zeigten die gesetzten Pflanzen viel bessere Anwuchs- und Entwicklungserfolge als bei einer zum Beispiel nur nach ästhetischen Gesichtspunkten vorgenommenen Pflanzenauswahl.

Da für die nach dem R- und N-Wert ausgewählten Pflanzenarten auch ihre pflanzensoziologische Position, also ihre natürliche Vergesellschaftung mit anderen Arten, bekannt ist (SOZ-Wert in Tab. 6, Seite 79), wird im folgenden Abschnitt beschrieben, wie aus der Artenauswahl ein Pflanzplan entsteht, der das Zusammenleben der Arten in der Natur weitestgehend berücksichtigt.

Bei der Auswahl der Pflanzen sind drei Dinge erlaubt:

1. R- und N-Wert der auszuwählenden Arten dürfen um einen Zähler vom Zielwert abweichen.
2. Werden Arten angetroffen, die nur bei einem, also beim R- oder N-Wert-Abgleich ausgeschieden („durchgestrichen“) wurden, aber beim anderen Wert genau dem Zielwert entsprechen, sind diese Arten in die Pflanzenauswahl aufzunehmen. Bedingung: Die festgestellte Abweichung, die zur Streichung führte, liegt maximal nur zwei Zählerpunkte vom Zielwert entfernt.
3. Bei nicht eindeutiger Ermittlung des R- bzw. N-Wertes des Füllwassers sollte immer der höhere der von den chemischen Wasserwerten abgeleitete Wert gewählt werden. Dies trägt der Tatsache Rechnung, dass durch das Phänomen der biogenen Entkalkung (R-Wert) und durch diffuse Düngereinträge aus der Umwelt (N-Wert) beim Schwimmteich stets mit einer Erhöhung der Werte gegenüber denen der Füllwasseranalyse zu rechnen ist. Empfehlenswert ist jedoch: Stehen nach dem ersten Auswahldurchgang bereits genügend Arten (mehr als 30) mit den genauen Zeigerwerten zur Verfügung, kann die Liste so abgeschlossen werden.

Zusammenstellung von Pflanzengemeinschaften

Was sind Pflanzengemeinschaften? Schauen wir von einer Brücke in ein kleines Flüsschen mit erfreulich klarem Wasser. Hier an der Brücke müssen die Weiden der Wegpassage weichen, sodass ausreichend Licht auf die Wasserfläche fällt. Wir schauen auf lange grüne, etwas breitblättrige Halme, die sanft von der Strömung hin und her gewogen werden. Dort, wo die Weiden wieder das Flüsschen in ihren Schatten nehmen, bleibt das Flussbett pflanzenfrei.

Ein paar Kilometer weiter kreuzen wir denselben Fluss an einer anderen Brücke. Wieder das gleiche Bild, dieselben Pflanzen wiegen sich im Wasser. Flussabwärts gibt es keine Weiden am Ufer, also sehen wir die grünen Halme der Wasserpflanzen, bis der Fluss hinten eine Biegung macht.

Was haben wir gesehen? Ähnliche oder identische ökologische Rahmenbedingungen (ein Flüsschen ohne Beschattung durch Weiden) führen innerhalb einer Klimaregion zur Entwicklung einer bestimmten Pflanzengesellschaft.

Pflanzengesellschaften ähnlicher Artzusammensetzung lassen sich zu verwandtschaftlichen Einheiten gliedern (Verbände, Ordnungen, Klassen), wie es für die europäischen Wasser- und Uferpflanzen Tabelle 10 zeigt.

Weil die Zeigerwerte von Ellenberg (1992) so angelegt sind, dass sie annäherungsweise die ökologische Präferenz in einer der natürlichen Konkurrenzsituation entsprechenden Form symbolisieren, kann man sogenannte Ökogramme erstellen. Diese sollten grafisch zeigen, was beim Vergleich unterschiedlicher Standorte in der Natur beobachtet werden kann (siehe Kasten).

Nach dieser Einführung in einige pflanzensoziologische Ordnungsprinzipien können wir nun unsere Artenliste nach ihrem Soziologie-Wert (SOZ) sortieren. Damit ordnen sich die für den Schwimmteich im vorigen Abschnitt nach den R- und N-Werten ausgewählten Sippen nach pflanzensoziologischen Kriterien.

In unserem Beispiel hat sich eine Reduktion auf acht Arten ergeben, die, nach ihren Soziologie-Werten in eine Rangfolge gebracht, pflanzensoziologisch zu zwei unterschiedlichen Klassen zählen. Zwei Arten gehören in die der Wasserpflanzengesellschaften, sechs in die der Röhrichte und Seggenrieder (siehe Tab. 11).

Tab. 10. Systematische Übersicht der Süßwasser- und Moorvegetation Mitteleuropas (Auszug aus ELLENBERG et al. 1992). **Fett hervorgehoben** sind die pflanzensoziologischen Einheiten, die im Schwimmteichbau besonders relevant sind. Zu beachten ist, dass diese Tabelle eine verwandtschaftliche Ordnung darstellt. Das bedeutet, dass Nummern gleicher erster Ziffern verwandte Einheiten darstellen. Je mehr Ziffern die Nummern aufweisen, desto spezifischer sind die ökologischen Ansprüche an die Standortverhältnisse.

Klassen	Ordnungen	Verbände, Unterverbände bzw. Gruppen
1.1 Lemnetea, Wasserlinsen-Decken	1.11 Lemnetalia	1.111 Lemnion (minoris) 1.111.1 Lemnaceen und Ricciaceen-Gruppe 1.111.2 Hydrochariden-Gruppe
1.2 Utricularietea, Wasserschlauch-Schwimmgesellschaften	1.21 Utricularietalia	1.211 Sphagno-Utricularion
1.3 Potamogetea, Wasserpflanzengesellschaften	**1.31 Potamogetonetalia**	**1.311 Potamogetonion (pectinati)** **1.312 Nymphaeion (albae)** **1.313 Ranunculion fluitantis**
1.4 Littorelletea, Strandlingsgesellschaften	1.41 Littorelletalia	1.411 Littorellion 1.413 Isoetion lacustris 1.416 Lobelion 1.417 Eleocharition acicularis 1.414 Hydrocotylo-Baldellion 1.415 Deschampsion litoralis
1.5 Phragmitetea, Röhrichte und Großseggenrieder	**1.51 Phragmitetalia**	**1.511 Phragmition (australis)** 1.512 Bolboschoenion maritimi 1.513 Spargano-Glycerion (fluitantis) **1.514 Magnocaricion** 1.514.1 Carex elata-Gruppe 1.514.2 Carex gracilis-Gruppe
1.6 Montio-Cardaminetea, Quellfluren	1.61 Montio-Cardaminetalia	1.611 Montio-Cardaminion 1.612 Cratoneurion commutati
1.7 Scheuchzerio-Caricetea nigrae, Kleinseggenrieder u.Ä.	1.71 Scheuchzerietalia 1.72 Tofieldietalia 1.73 Caricetalia nigrae	1.711 Rhynchosporion (albae) 1.712 Caricion lasiocarpae 1.721 Caricion davallianae 1.722 Caricion bicolori-atrofuscae 1.731 Caricion nigrae (= fuscae)
1.8 Oxycocco-Sphagnetea, Hochmoore und Moorheiden	1.81 Sphagnetalia magellanici 1.82 Ericio-Sphagnetalia papillosi	1.811 Sphagnion magellanici 1.821 Ericion tetralicis

Tab. 11. Zuordnung der ausgewählten Arten zu pflanzensoziologischen Klassen (nach ELLENBERG et al. 1992, verändert)

Gattung	Art	R	N	SOZ	Klasse
Myriophyllum	*spicatum*	9	7	1.310	Potamogetea, Wasserpflanzen-gesellschaften
Potamogeton	*lucens*	6	7	1.310	
Alisma	*plantago-aquatica*	x	8	1.500	Phragmitetea, Röhrichte und Seggenrieder
Alisma	*lanceolatum*	7	5	1.510	
Iris	*pseudacorus*	x	7	1.510	
Butomus	*umbellatus*	x	7	1.511	
Hippuris	*vulgaris*	8	x	1.511	
Phragmites	*australis*	7	7	1.511	

Die Verbände der Wasserpflanzen

Nehmen wir als Beispiel die Verbände der Wasserpflanzen (vgl. Tab. 10). Für jeden Verband einzeln wird zunächst der Mittelwert der Nährstoffzahl (mN) sowie der Mittelwert der Reaktionszahl (mR) errechnet.

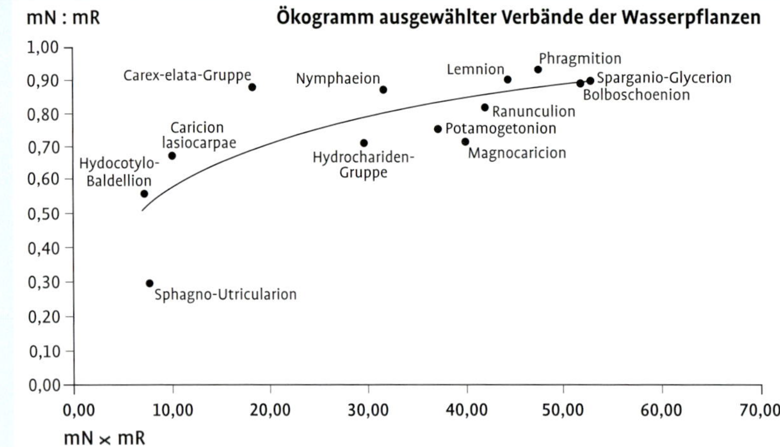

Abb. 5.
Mit steigendem pH-Wert steigt im Wasser auch die Nährstoffmineralisation (mN × mR), was es gestattet, im Produkt der mittleren Nährstoffzahl mit der mittleren Reaktionszahl (nach Ellenberg *et al. 1992) die soziologischen Taxa der Wasserpflanzen in ihrer jeweiligen Präferenz darzustellen. Der Quotient aus mN und mR spreizt diese Reihung, denn je größer mR, desto kleiner der Wert im Ökogramm.*

Sehr gut ist zu erkennen, wie sich die Verbände der gängigen Arten, die im Schwimmteich vor allem Verwendung finden, in der rechten Mitte des Ökogramms gruppieren (Verbände wie Potamogetonion, Magnocaricion, Ranunculion und Phragmition). Pflanzen der Extremstandorte, zum Beispiel die Verbände der Moorvegetation oder der extrem sauren Gewässer, finden sich am linken unteren Rand der Graphik (Verbände: Sphagno-Utricularion bzw. Hydrocotylo-Baldellion).
Am rechten äußeren Rand steht der Verband Spargano-Glycerion, in dem vor allem Vertreter sehr nährstoffreicher Biotope vereint sind.

Wenn wir nun in der Praxis Arten für ein reales Projekt benötigen, können wir aus der 190 Arten umfassenden Gesamtliste nach geeigneten Arten suchen. Dazu sortieren wir die Gesamtliste der Arten (Tab. 18, Seite 117) zunächst nach dem R- und dem N-Wert, und später auch noch nach dem Soziologie-Wert (SOZ). Vorgegangen wird wie zuvor, nur dass in unserem Beispiel das Auswahlverfahren der Übersichtlichkeit halber an einer Liste mit nur zehn Arten durchgespielt wurde, und wir nun selbstverständlich mit der Gesamtliste arbeiten.

Bei näherer Betrachtung des Ergebnisses fällt auf, dass sich zu einer soziologischen Klasse (siehe Tab. 10, Seite 83) mehrere Arten in der Liste zusammenfinden; und zwar geordnet in der hierarchischen Rangfolge Klasse, Ordnung, Verbände.

Es kommt eigentlich nicht vor, dass wir zu einer Klasse, zum Beispiel 1.5 Röhrichte und Großseggenrieder, nur einen einzigen Vertreter in unserer Artenliste haben. Es sind immer mehrere, vielleicht nicht aus dem gleichen Verband, aber doch zumindest mehrere aus einer soziologischen Klasse.

Im Pflanzplan werden nun die pflanzensoziologischen Verhältnisse berücksichtigt. Da uns die SOZ-Werte sagen, ob es sich um Klassen-, Ordnungs- oder Verbandsvertreter handelt, kann in die Pflanzplanung für den Schwimmteich einfließen, wer in der Natur mit wem vergesellschaftet ist und wer mit wem am besten auskommt. Für den Planer bedeutet dies, eine in der Natur vorkommende Artenzusammenstellung einzusetzen, die sich in Mitteleuropa in den gut 10 000 Jahren nach der letzten Eiszeit entwickelt und damit als bestangepasste Vegetation etabliert hat.

Ein Beispiel aus der Klasse der Röhrichte

Tab. 12. Röhricht-Arten (nach ELLENBERG et al. 1992, verändert)

Taxon	SOZ
Gewöhnliches Schilfrohr (*Phragmites australis*)	1.511
Sumpf-Schwertlilie (*Iris pseudacorus*)	1.510
Schwanenblume (*Butomus umbellatus*)	1.511

Die in Tabelle 12 genannten Röhrichtarten (und weitere) kommen sicherlich in eine Röhrichtsituation, das heißt in einen seichten, ständig überstauten Bereich des Schwimmteiches. Für folgende Arten wird ein Pflanzplatz im tiefen Wasser gewählt, handelt es sich doch um Vertreter der Großlaichkräuter bzw. des Unterverbandes der Gesellschaften der Weißen Seerose (Tab. 13):

Tab. 13. Großlaichkräuter und Seerosen-Verband (nach ELLENBERG et al. 1992, verändert)

Taxon	SOZ
Glänzendes Laichkraut (*Potamogeton lucens*)	1.310
Quirliges Tausendblatt (*Myriophyllum verticillatum*)	1.312
Seekanne (*Nymphoides peltata*)	1.312

Zusammenfassend kann man also sagen, dass es mit der Zuordnung von Wasserwerten des Füllwassers zu bestimmten R- und N-Zielwerten gelingt, aus der Vielzahl der zur Verfügung stehenden Pflanzenarten für unser Projekt eine ökologische Wahl zu treffen, die die potentiell am besten geeigneten, weil an die Wasserqualität angepassten Arten aussucht und es erlaubt, diese im Pflanzplan so zu gruppieren, dass pflanzensoziologische Verwandtschaftsverhältnisse als Ergebnis selektiver Konkurrenzbeziehungen berücksichtigt werden.

Pflanzplanung

Als Vorbereitung für die Pflanzplanung werden nochmals die Bestandsaufnahmen vom Bauplatz hervorgeholt. Aufgabe ist es nun, die erhobenen Daten auf Auswirkungen oder Wechselwirkungen mit der Bepflanzung abzustimmen und diese bei der Standortwahl am Teich zu berücksichtigen.

Bei den geografische Komponenten können dies zum Beispiel stark exponierte Lagen, Höhenlagen oder die Meeresnähe sein, die eventuell nicht alle der ausgewählten Pflanzen tolerieren, oder die gar eine spezifische Auswahl an Pflanzen für einen extremen Standort erfordern.

Bei den gestalterischen Anforderungen sind es in der Regel die Aussichten von Haus oder Terrasse auf den Teich, die berücksichtigt werden wollen. Keinesfalls sollten diese durch hohe Vegetation verdeckt sein. Ebenfalls ist an die landschaftliche Einbindung des Teiches zu denken, wobei den Pflanzen eine wesentliche Rolle zukommt. Auch besonderen Blütenformen oder -farben, Blatttexturen oder interessantem Pflanzenwuchs kann hier Aufmerksamkeit gewidmet werden.

Weiterhin kann es eine Reihe systembedingter Komponenten geben, die Auswirkungen auf die Bepflanzung haben können. Dazu zählen mögliche, durch Pumpsysteme verursachte interne Strömungen oder Filterabläufe. Es erscheint deshalb sinnvoll, diese und die ausgewählten Pflanzen aufeinander abzustimmen.

Auch biologische Faktoren fließen in die Pflanzplanung ein: das Verhalten der Arten untereinander, deren Vergesellschaftung, die Wüchsigkeiten einzelner Arten sowie das Dominanzverhalten von Arten sind wichtig für eine ausgewogene Pflanzenkomposition.

Sinnvoll ist dabei eine Anlehnung an das Vorbild der Natur, also die verschiedenen Pflanzenzonen in ihrer natürlichen Abfolge an einem Seeufer.

Natürliche Abfolge der Pflanzenzonen am Ufer eines Sees mit naturnaher Vegetation:

- die Uferzone mit Helophyten, also Pflanzen mit aus dem Wasser herausschauenden (emergenten) Pflanzenteilen,
- der Seerosengürtel mit Schwimmblattpflanzen,
- die Laichkrautzone mit sogenannten Aqua- oder Hydrophyten, also völlig untergetaucht lebenden Pflanzen,
- die pflanzenfreie Tiefenzone, im Schwimmteich repräsentiert durch den Badeteil.

Die Pflanzen erfüllen in der freien Natur – wie auch im Teichsystem – wesentliche Aufgaben bei der Selbstreinigung der Gewässer:

- Nährstoffentzug aus dem Freiwasser und Aufbau von Biomasse durch Pflanzenwachstum,
- Sauerstoffproduktion, die das Entstehen großer Planktonpopulationen und den durch sie bedingten Biomasseabbau ermöglicht,
- Beschattung, wodurch das Plankton auch hohe Wassertemperaturen erträgt.

Im vorangegangenen Kapitel wurde bereits die Pflanzenauswahl nach den Ellenbergschen Zeigerwerten und deren Zusammenstellung in Pflanzengruppen nach pflanzensoziologischen Kriterien vorgenommen.

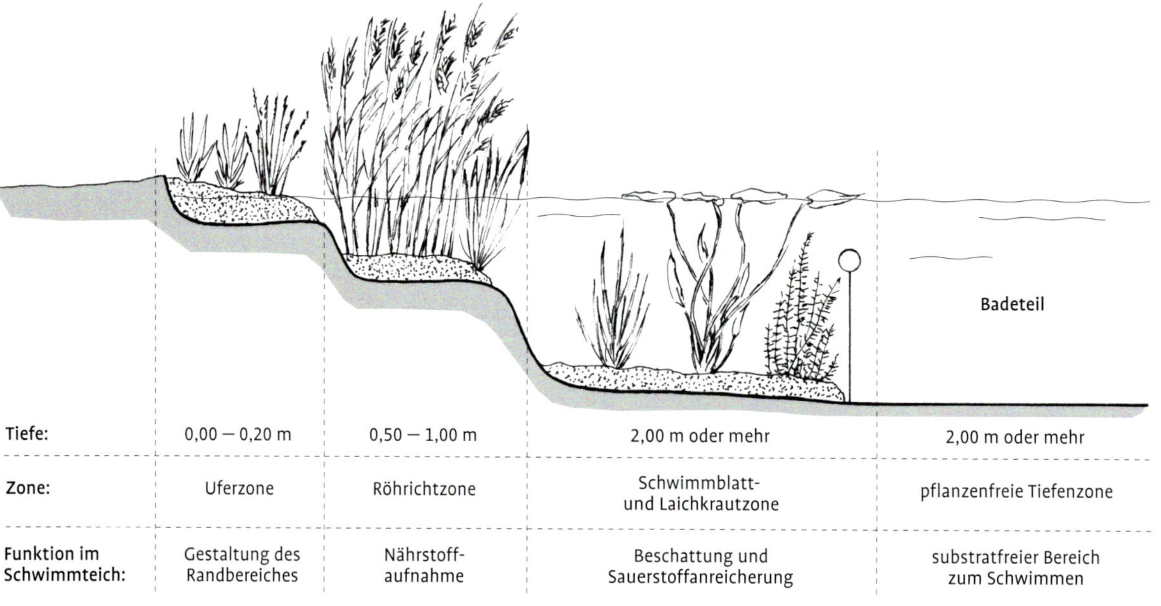

Abb. 6.
Die Abfolge der Ufer- und Wasserpflanzen in einem Schwimmteich folgt dem Vorbild der Natur an einem Seeufer, wird aber im Badeteich definiert durch die vorgegebenen Tiefen und die meist kleinräumigen Verhältnisse.

Um die verschiedenen Pflanzengruppen nun zu platzieren, sind folgende Arbeitsschritte sinnvoll:

1. Im Bereich der größten Wassertiefen des Pflanzenteils im Teich (bis 2,00 m) sind die Seerosen (*Nymphaea*) oder Teichrosen (*Nuphar*) und Unterwasserpflanzen (Wassertiefe 1,50 bis 2,00 m) anzusiedeln. Da die Seerosen die größten Gewächse im Schwimmteich sind, werden sie zuerst platziert, und zwar möglichst an prominenter Stelle. Für jede Seerose sollte eine Wasseroberfläche von etwa 4 m^2 zur Verfügung stehen. Die Tiefen sind abhängig von den gewählten Sorten, für *Nymphaea*-Alba-Hybriden darf es sogar eine Tiefe bis zu 2,00 m sein, da die Pflanzen an Wildstandorten mit noch größeren Wassertiefen zurechtkommen. Seerosen lieben stark durchströmtes Wasser nicht und sollten auch keine Beregnung auf die Blätter bekommen, wie sie eventuell durch Wasserfälle oder Fontänen verursacht werden kann. Gegebenenfalls sind hier Abstände einzuhalten.
2. Die für die Sauerstoffproduktion im Teich wichtigen Unterwasserpflanzen (*Potamogeton*, *Myriophyllum*, *Vallisneria*) besiedeln ebenfalls den tiefsten Teil des Teiches (Wassertiefe mindestens 1,00 bis 2,00 m). Je nach Art, dürfen sie bis in 2,00 m Tiefe gesetzt werden, denn dann können sie ein wirklich großes Volumen entwickeln und als „grüne Lunge" fungieren. Denn Unterwasserpflanzen haben nach Gessner (1955, 1959) ihr Assimilationsmaximum in einer Wassertiefe von 1 m, weshalb sie in geringeren Wassertiefen schlechter gedeihen.
3. Die Platzierung des Röhrichts (Wassertiefe 0 bis 0,50 m) wird in Abhängigkeit von der Hauptwindrichtung vorgenommen. Von ihr ausgehend findet eine permanente Strömung und mit dieser auch eine Nährstoffdrift zum gegenüberliegenden Ufer statt. Das heißt, an diesem Ufer landen der größte Teil der auf dem Wasser schwimmenden Teile an und damit auch die in ihnen enthaltenen Nährstoffe. Dieser Uferabschnitt ist also besonders geeignet für nährstoffliebende, starkwüchsige Pflanzen wie Schilf (*Phragmites australis*) oder Rohrkolben (*Typha* spec.), die in der Lage sind, diese Mengen an Nährstoffen aufzunehmen und in Zellwachstum umzusetzen. Im Idealfall wird dieser Uferabschnitt für einen Pflanzenfilter oder einen bepflanzten Bodenfilter gewählt.
   Indirekt bietet das Röhricht auch eine Möglichkeit zum Nährstoffexport: Die Pflanzen können geschnitten und die in ihnen enthaltenen Nährstoffe damit dem Nährstoffkreislauf entzogen werden, stehen also dem System nicht weiter zur Verfügung. Dies ist ein wichtiger Punkt, sind doch Schwimmteiche als abflusslose Systeme für eine Nährstoffanreicherung prädestiniert, zum Beispiel durch Staubeintrag, Laubfall oder das Füllwasser. Das heißt, die Nährstoffe kommen zwar in den Teich hinein, aber von allein nicht wieder heraus.
4. Weitere Röhrichtbildner (Wassertiefe 0 bis 0,20 m) wie Seggen (*Carex*) und Binsen (*Juncus*) können die den Nebenwindrichtungen gegenüberliegenden Abschnitte besetzen. Auch hier ist mit einer gewissen Nährstoffdrift zu rechnen, wenn auch nicht in dem Maße wie im vorhergehenden Fall.
5. Die Röhrichtbegleiter (Wassertiefe 0 bis 0,20 m, in Ausnahmefällen tiefer) werden nun mit den bestandsbildenden Arten „vergesellschaftet". Im Schilfröhricht (Phragmition) beispielsweise ist das Schilf (*Phragmites australis*) die bestandsbildende Art, Sumpf-Schwertlilie (*Iris pseudacorus*),

Die weiße Seerosensorte Nymphaea 'Gladstoniana' ist an ihren löffelartig ausgeschwungenen Kelchblättern und an den kahnförmig gebogenen Spitzen der Blütenblätter zu erkennen. Sie eignet sich gut für Wassertiefen bis zu 2 m, wie auch die Sorten 'Hever white' und 'Virginalis'.

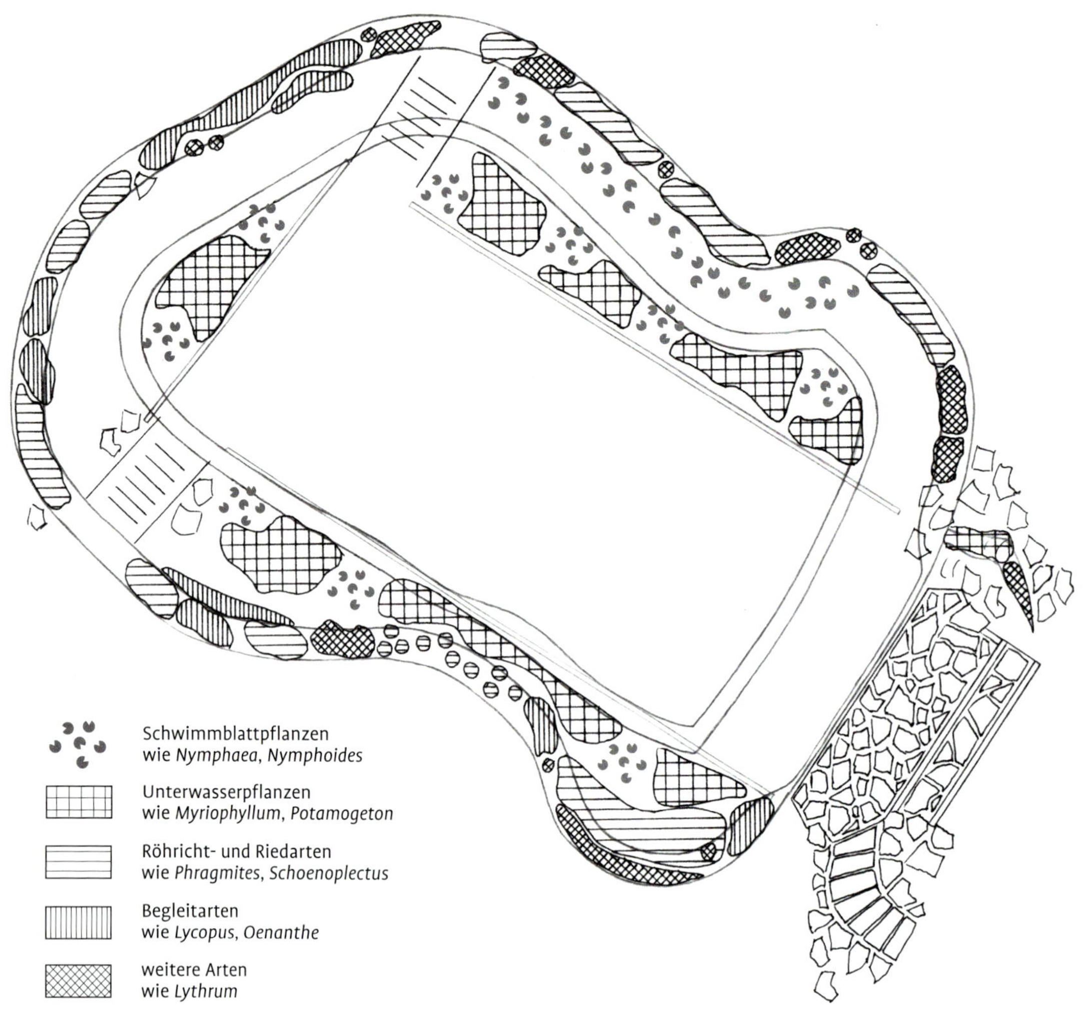

Abb. 7.
Beispiel eines Pflanzplanes. Dargestellt sind die Pflanzengruppen, die nacheinander gepflanzt werden.

Schwanenblume (*Butomus umbellatus*), Ufer-Wolfstrapp (*Lycopus europaeus*), Wasser-Minze (*Mentha aquatica*) und Froschlöffel (*Alisma plantago-aquatica*) sind typische Begleiter. Gruppen dieser Pflanzen umgeben und durchdringen die bestandsbildende Art.

6. Weitere Arten sind wichtig für die Durchmischung und die Diversifizierung der Bepflanzung (Wassertiefe 0 bis 0,20 m). Denn bei aller Funktionalität der Pflanzen soll das Teichufer natürlich auch abwechslungsreich und vielfältig sein. Hier spielen eher ästhetische Aspekte eine Rolle, denn die schönen Blüten wollen ja auch gesehen werden. Also fällt die Wahl für diese Arten auf Plätze nahe des Einstiegs ins Wasser, an der Treppe oder am Steg, aber auch an der Terrasse oder am Weg.

Das Vorgehen in dieser Reihenfolge ermöglicht es uns, die im Nährstoffhaushalt des Teiches strategisch wichtigen Plätze für die dort richtigen Pflanzen zu sichern und damit ein auf das System Schwimmteich abgestimmtes, funktionsgerechtes Strukturieren der Bepflanzung vorzunehmen.

Ein Blick auf natürliche Feuchtgebiete in der Umgebung kann helfen, sich sowohl über regionale Vorkommen von Arten und deren Zusammensetzung als auch deren Ansprüche Klarheit zu verschaffen.

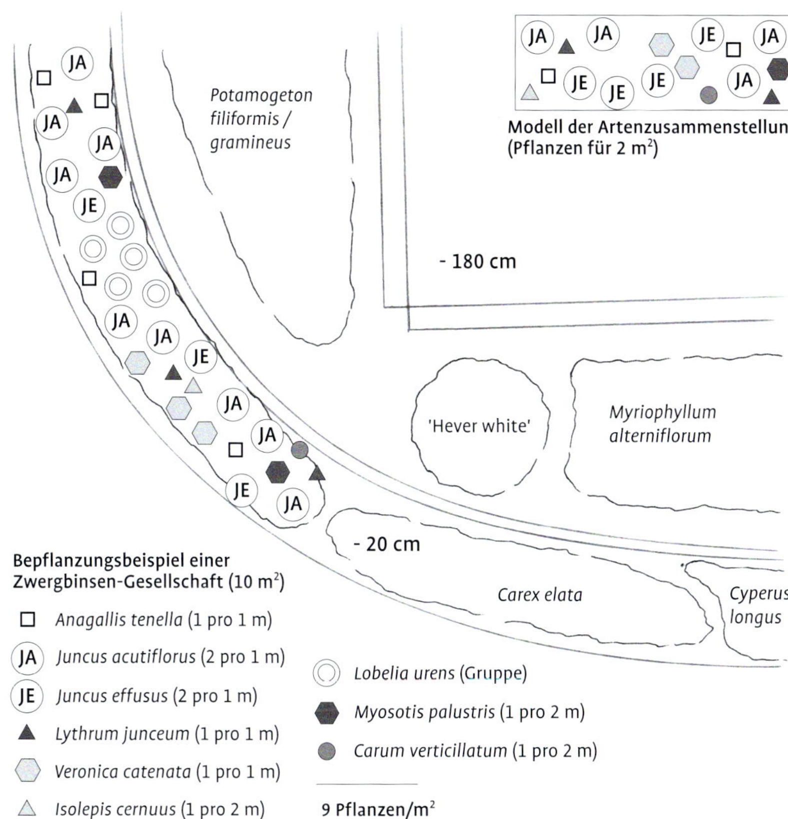

Abb. 8.
Ausschnitt aus einem Pflanzplan. Dargestellt wird die Durchmischung von Arten einer Zwergbinsen-Gesellschaft an einem extrem nährstoffarmen Uferabschnitt eines Schwimmteiches.

Unablässig für eine gute Pflanzplanung ist eine ausreichende Artenkenntnis, die uns in die Lage versetzt, die Arten auch sicher zu bestimmen. Ebenfalls sind gärtnerische Kenntnisse hilfreich, wenn es darum geht, die Pflanzen in die für sie richtigen Wassertiefen einzuordnen, um – neben den bereits erwähnten Umweltqualitäten – auch die Wassertiefen im Teich zuträglich auf eine gute Pflanzenentwicklung wirken zu lassen.

Vorteile dieses Verfahrens

- Die ausgewählten Pflanzen sind hochgradig an die jeweilige Nährstoff- und Umweltsituation angepasst.
- Ein optimales Wachstum der Unterwasserpflanzen sorgt für weniger Algenwachstum.
- Die individuelle Pflanzenauswahl und -zusammenstellung ergibt einzigartige Aspekte bei der Bepflanzung.
- Es sind weniger Pflege und Schnitt notwendig.
- Das Verfahren zeigt eine umwelt- und florenfreundliche Lösung.

Durch die Anwendung des oben beschriebenen Verfahrens erhält jeder Schwimmteich seinen ganz eigenen, individuellen Charakter durch die Berücksichtigung seiner ganz speziellen Umweltqualitäten. Die Bepflanzung unter Anwendung pflanzensoziologischer Erkenntnisse trägt außerdem dazu bei, Schwimmteiche naturnah und nachhaltig zu gestalten.

Ausführung von Projekten

Im folgenden Abschnitt wird an einem Beispiel gezeigt, wie die Arbeitsschritte im Schwimmteichbau aufeinander aufbauen. Dabei muss betont werden, dass hier nur ein Beispiel von vielen abgebildet werden kann, denn so vielfältig die Gestaltungsformen, so variantenreich ist auch die Ausführung im Schwimmteichbau.

D
Schwimmblattpflanzen
- 20 cm
Unterwasserpflanzen
Steg aus Lärchenholz
A
- 1,80 m
- 50 cm
B
- 20 cm
Uferpflanzen
- 20 cm
Pflanzenfilter
bestehendes Kleinsteinmosaik
Draufsicht
C
- 50 cm
- 1,80 m
Schnitt A – B
bestehendes Geländeniveau
- 1,80 m
Schnitt C – D

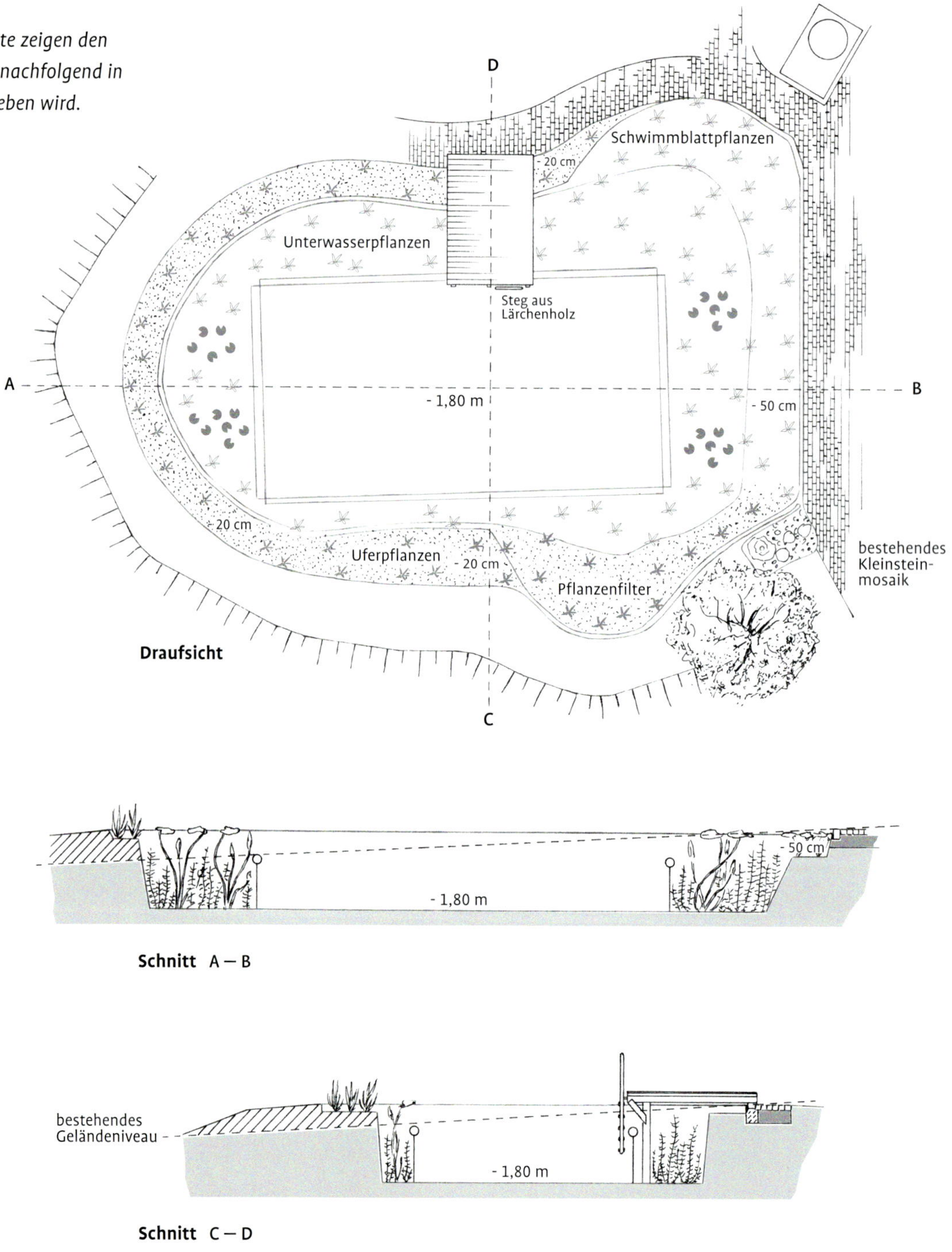

Abb. 9.
Aufsicht und Schnitte zeigen den Schwimmteich, der nachfolgend in seinem Bau beschrieben wird.

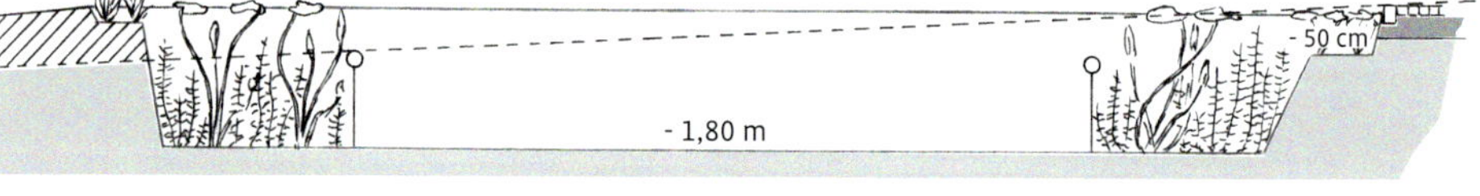

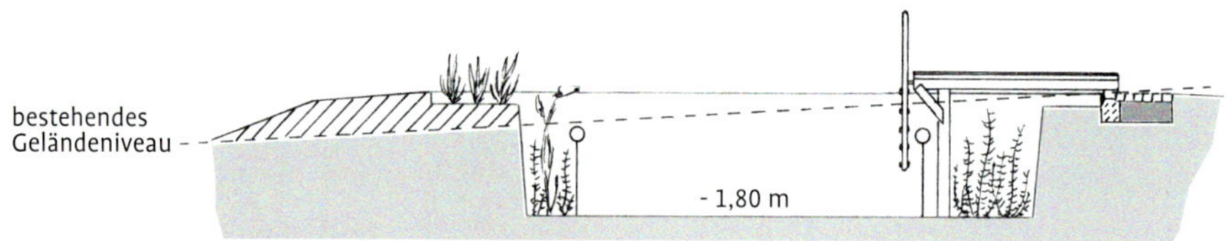

Nachdem am Bauplatz die vorhandenen Bäume gefällt worden sind, kann die Arbeit am etwa 10 × 15 m großen Schwimmteich beginnen. Die äußere Form des Schwimmteiches wird im Gelände mit Holzstäben markiert. Eine Flatterleine kennzeichnet die zukünftige Uferlinie. Das Niveau der Terrasse im Vordergrund wird auf den hinteren Stab übertragen und dort mit einem hellen Band angezeigt. Deutlich ist zu sehen, dass das Gelände leicht abfällt.

Im Vordergrund ist das Absteckband bereits durch die Schalung für den Betonrand als teichseitiger Abschluss der Pflasterung ersetzt. Zusätzlich sind nun die Positionen des Holzsteges (rechts) und des Pflanzenfilters (links) markiert. Auf alle Holzstäbe ist das Niveau des Pflasters übertragen worden. Da die umliegende Vegetation so wenig wie möglich beeinträchtigt werden soll, gibt es nur einen Zuweg, über den sämtliche Materialtransporte erfolgen.

Als erster Arbeitsschritt wurde mit dem Bagger ein großer Quellstein auf ein Folienstück platziert. Aufgrund der Zugänglichkeit wäre dies zu einem späteren Zeitpunkt der Aushubarbeiten nicht mehr möglich. Der fertige Betonrand zeigt das Null-Niveau an und hilft so dem Maschinenführer bei der Orientierung während der Erdarbeiten. Die Aushubarbeiten beginnen mit dem Abtrag und der Separierung des Oberbodens.

Im Hintergrund ist der dunklere Oberboden abgelagert. Die Ausbildung des Teichplanums beginnt. In diesem Falle wird im Bereich des zukünftigen Dammes (Bildhintergrund) das weniger bindige Erdreich der obersten Schicht abgetragen.

Der Aushub ist weit fortgeschritten. Der bindige, lehmhaltige Unterboden wurde zum Aufbau des Dammes eingesetzt, um das leicht abfallende Gelände um etwa 70 cm anzuheben. Dadurch wird ein großer Teil des Aushubes vor Ort wieder eingebaut, was Transportkosten spart. Später wird landseits der Damm mit Oberboden abgedeckt, um einen Wiederbewuchs zu erleichtern.

Am Boden der Grube ist der Verlauf der zukünftigen Abtrennung des Schwimmbereiches markiert. Die Grube hat die vorgesehene Tiefe von 2 m erreicht. Eine Leiter ermöglicht den Zugang, um das Teichplanum zu glätten. Die Uferbänke und die Bucht für den Pflanzenfilter (links) haben die vorgesehenen Tiefen. Im Vordergrund ist der schwarzer PE-Führungsschlauch zu erkennen, der das Stromkabel vom Solar-Modul zur Pumpe aufnehmen wird.

Die Abdichtung des Schwimmteiches erfolgt mit 1,5 mm starker HDPE-Folie. Dabei wird das Abdichtungsmaterial genau auf die Teichform zugeschnitten und vor Ort passgenau verschweißt. Auf den Uferbänken werden die Kunststoffbahnen provisorisch beschwert, um ein Verrutschen zu verhindern. Am Teichgrund ist zuvor ein Fundament aus Beton vorbereitet worden, auf dem die Pfeiler für den Steg aufsetzen werden.

Die Abdichtungsarbeiten sind abgeschlossen und am Teichgrund sind die Trennwände mit Schwimmkörpern aus PE-Folie an der vorgesehenen Position angebracht. Mit dem Auftragen des Pflanzsubstrates in der Tiefenzone und am hinteren Ufer wurde begonnen. Der Holzsteg ist im Bau. Im Quellbecken überdecken weitere Steine das inzwischen angeschweißte separate Folienstück. Die Terrasse wurde bis an den neuen Betonrand verbreitert und der Weg bis zum Steg verlängert.

Der Pflanzenfilter wurde mit Kalkschotter gefüllt. Er überdeckt ein innenliegendes Dränagerohr. Am Ende des Weges entsteht die Dusche. Dazu ist ein Holzrost auf ein Bandfundament aufgesetzt worden, durch welches das Duschwasser in ein Pflanzenbeet sickern wird. Der noch lose Folienrand im Vordergrund kann erst an das im Betonrand eingesetzte PE-Profil angeschweißt werden, wenn der Wasserstand fast die vorgesehene Füllhöhe erreicht haben wird. Die Unterwasserpflanzen sind bereits gesetzt.

Das Füllwasser hat die Folien-Trennwände fast aufgerichtet. Der Folienrand im Vordergrund konnte angeschweißt und die letzte Uferbank mit Substrat befüllt werden. In diesem Falle wurde das lehmhaltige Pflanzsubstrat mit Grobsand überdeckt. Ein Brett überbrückt provisorisch den Regenwasserüberlauf. Die Arbeiten am Holzsteg wurden mit dem Befestigen der Leiter beendet. Darunter wurden die Solar-Tauchpumpe und ein Rundskimmer befestigt. Der Schlauch verläuft von der Pumpe durch den Pflanzenteil bis zum Pflanzenfilter. Im Vordergrund sieht man die Pflastermulde, die verhindert, dass hier Regenwasser in den Teich laufen kann.

Die Gestaltung des Regenüberlaufes mit einer Steinplatte ist abgeschlossen. Hier wurde auch die Füllleitung versteckt. Der Teich ist bis zum maximalen Wasserstand gefüllt. Die Folienkante ist auf die vorgesehene Länge eingekürzt und in einem Kiesbett versteckt. Ihr Luftanschluss garantiert die Kapillarsperre. Die Bepflanzung der Ufer erfolgt. Aufgrund des eisenhaltigen Füllwassers und der Pflanzarbeiten ist das Wasser noch trüb. Der Eimer auf dem Steg enthält Wasser mit Mikroorganismen aus einem älteren Schwimmteich zum „Impfen" des neuen Gewässers.

Die Pflanzen wachsen, das Wasser ist klar bis zum Grund. Es kann gebadet werden. Die Trennwände aus Folie werden durch die Schwimmkörper aufrecht gehalten und diese dienen den Badenden als umlaufende Sitzbank. Ein rund um das Gewässer laufender Kiesweg überdeckt den Folienrand und erlaubt den Zugang zu den Uferpflanzen. Der Damm ist teilweise schon bewachsen.

Unterhalt und Pflege

Schwimmteiche brauchen Pflege, ganz gleich welcher Bauart sie sind. In diesem Abschnitt werden häufig auftretende Situationen und die gängigsten Pflegemaßnahmen beschrieben. Sicher kann nicht auf alles eingegangen werden, denn ein Schwimmteich ist ein lebendes System, das von einer Vielzahl von Faktoren beeinflusst wird und entsprechend auch manchmal auf Einflüsse reagiert, die niemand vorhersehen konnte. Gerade wegen dieser Einschränkung muss betont werden, dass es inzwischen Tausende von Schwimmteichen gibt, die über Jahre und Jahrzehnte ihren Besitzern ungetrübte Badefreuden bereiten. In all diesen Fällen sind Unterhalt und Pflege eine Voraussetzung für die Freude am Schwimmteich.

Ein Schwimmteich sollte auch beschwommen werden. So seltsam dies klingen mag: Benutzte Schwimmteiche sehen besser aus! Die Badenutzung wirkt sich offenbar vorteilhaft auf das biologische System aus, das auf seine Weise von der Wasserbewegung durch die Schwimmer profitiert. In diesem Sinne sollte der Aspekt des Badens bei der Teichpflege nicht vergessen werden.

Die regelmäßige Pflege des Schwimmteiches ist wichtig!

Die regelmäßige Teichpflege ist für jeden Schwimmteich wichtig, wobei sich der Aufwand je nach Anlagentyp und eingebauter Technik erheblich unterscheiden kann. Es ist sinnvoll, die Wasseroberfläche, besonders im Badeteil, mit einem Kescher zu säubern, sofern Laub oder Ähnliches herumschwimmt. Mit dieser einfachen Methode kann der Nährstoffanreicherung im Teich vorgebeugt werden, weil die aus der Luft eingetragenen Stoffe schnell aus dem System entfernt werden.

Einmal in der Woche sollte der Wasserstand im Teich kontrolliert und, wenn nötig, aufgefüllt werden. Auch ein allwöchentliches gründliches Abkeschern des Teiches ist sinnvoll, um abgerissene Pflanzenteile, hereingefallenes Laub, zusammengewehten Blütenstaub oder andere schwimmende Teilchen zu entfernen. So bleibt der Teich ansehnlich und bereitet Freude. Auf diese Weise können auch die verwelkten Blätter und Blüten der Seerosen entnommen werden. In ihnen sind schon allein ihrer Größe wegen Mengen an

Bild links: Nebeneinander von Mensch und Natur – der Schwimmteich bietet genügend Raum für beide.

Bild rechts: Auf dem Markt gibt es verschiedene Systeme zur Teichreinigung. Die meisten arbeiten mit Pumpen und Filtern, die das abgesaugte Wasser soweit zu reinigen versuchen, dass es zurück in den Teich fließen kann.

Nährstoffen akkumuliert. Die Seerosen sehen dadurch auch schöner und gesünder aus. Entnommene Pflanzenteile sollten auf den Kompost gegeben werden. Sie dürfen keinesfalls am Teichrand abgelegt werden, denn von dort aus könnten die in ihnen enthaltenen Nährstoffe wieder in den Teich gewaschen werden.

Die Einstiegsbereiche in den Schwimmteich können **wöchentlich** gereinigt werden. Dabei sind mit einer Bürste Ablagerungen von Treppen und Rampen zu entfernen, um der Rutschgefahr entgegenzuwirken. Möglicherweise ist auch der Boden im Eingangsbereich abzusaugen, wenn sich hier viel Mulm angesammelt hat. Holztreppen und -stufen können ebenso von Algenaufwuchs und Ablagerungen befreit werden.

In der Vegetationsperiode sollten unansehnlich gewordene, trockene oder verwelkte Pflanzenteile oder Blüten monatlich abgeschnitten werden. Ein Absaugen des Bodens im Badeteil ist **einmal im Monat** ratsam, um allzu große Ansammlungen von Ablagerungen zu vermeiden. Das regelmäßige Absaugen hilft beim Nährstoffexport und fördert das Erscheinungsbild des Schwimmteiches, denn es werden beim Badebetrieb keine Ablagerungen aufgewirbelt.

Wenigstens monatlich ist die Funktionstüchtigkeit der Notüberläufe und Regenwasserdränagen zu prüfen, eventuelle Verstopfungen sind zu beseitigen. Sinnvollerweise sollte dies in Mitteleuropa vor den Sommermonaten mit den typischen Starkregen und Gewittern passieren.

Ein günstiger Zeitpunkt für eine gründliche Bodenreinigung **einmal im Jahr** sind die Wintermonate oder das zeitige Frühjahr, da dann das durch das Absaugen bedingte Aufwirbeln der Sedimente die wenigsten Nebenwirkungen erwarten lässt, wie beispielsweise Wassertrübungen oder Algenwachstum. Keinesfalls sollten solche jährlichen Grundreinigungen im Sommer oder während der Badesaison durchgeführt werden. Bereits bei Wassertemperaturen von 20 °C ist von solchen massiven Eingriffen in das biologische System abzusehen. Das abgesaugte Wasser sollte wegen der in ihm enthaltenen starken Nährstofffrachten nicht wieder in den Teich eingespeist werden, auch dann nicht, wenn Filter eingesetzt wurden.

Zur Teichpflege gehört auch die regelmäßige Wartung der eingebauten Technik (Skimmer, Pumpen, Rohrleitungen). Näheres dazu siehe im Abschnitt „Wartung der Technik“, Seite 106.

Maßnahmen bei ungenügendem Pflanzenwuchs

Ein im Wasser vergleichsweise selten vorkommendes Element wie Kalium kann unter Umständen zum Minimumfaktor unter den Nährstoffen werden. Dies zeigt das Beispiel der Wassernuss-Gesellschaft in Tabelle 4 auf Seite 76. Im Vergleich mit Standorten der Gesellschaft des Schwimmenden Laichkrautes (Kaliummittelwert 1 mg/l) bevorzugt die Wassernuss-Gesellschaft im Mittel den sechsfachen Wert.

Das Biotop Schwimmteich tendiert zu einer Erhöhung des pH-Wertes. Das Wasser reagiert also eher basisch, als dass es „versauert“. Dies hat seinen Hauptgrund in der Bepflanzung selbst: Durch CO_2-Entzug des Wassers mittels der sich entwickelnden Unterwasserpflanzen kommt es zu einer Verschiebung des Ionengleichgewichtes bei der sogenannten „Gleichgewichtskohlen-

säure“. Das bei diesem Prozess übrig gebliebene Kalziumhydroxid zerfällt in Kalzium und OH-Ionen. Der pH-Wert steigt. Dieses Phänomen der sogenannten biogenen Entkalkung (oder auch „autochthonen Calcitfällung“) ist so ausgeprägt, dass schon der Vergleich von pH-Werten am Morgen und am Abend eines sonnigen Tages zeigt, dass die Pflanzen bei der Photosynthese dem Wasser das Kohlendioxid entziehen.

Da die meisten Wasserpflanzen das Kohlendioxid nur in einer bestimmten Form, nämlich als Hydrogenkarbonat-Ion (HCO_3^-), verwerten können, sollte darauf geachtet werden, dass der pH-Wert leicht über 8 liegt, also etwas über dem Neutralwert. Bei Werten von pH < 4 liegt im Wasser nämlich nur CO_2 (Kohlendioxid) vor und oberhalb von pH = 11 CO_3^{2-} (Karbonat). Kurzzeitiges (nachmittägliches) Ansteigen des pH-Wertes bis 9 ist allerdings als normal zu betrachten.

Vallisneria spiralis, die Gewöhnliche Wasserschraube, ist eine im Schwimmteichbau bisher selten eingesetzte, dennoch sehr empfehlenswerte Art.

Der Mangel an verfügbaren Hydrogenkarbonaten im Wasser kann also eine Ursache für mangelhaften Pflanzenwuchs sein. Diese Gefahr besteht vor allem bei silikatisch geprägtem Füllwasser. Sollte beim Bau des Schwimmteiches nicht ausreichend für eine Langzeitkalkung mittels Jura-Schotter gesorgt worden sein, muss über eine Kalkung des Schwimmteichwassers entschieden werden. Dabei gelten folgende Grundsätze:

- Eine Kalkung ist nur sinnvoll, wenn eine aktuelle Wasseranalyse einen Mangel an Kalziumkarbonaten feststellt (Werte unter 60 mg/l $CaCO_3$).
- Die Kalkung erfolgt zu dem Zweck, das Kohlendioxidangebot im Wasser für die Pflanzen zu erhöhen, denn dieses verbrauchen sie bei der Photosynthese. Liegt die Gesamthärte deutlich über der Karbonathärte, ist dies ein indirekter Hinweis auf Natriumhydrogenkarbonat im Wasser. In diesem Fall sollte eine Kalkung unterbleiben.

Mit folgenden Orientierungswerten kann das Kalziumkarbonatangebot erhöht werden:

- Um den Härtegrad von 1 m^3 Wasser um 1 °dH zu erhöhen, werden etwa 50 g $CaCO_3$ (Kalziumkarbonat) benötigt. Bei einem Schwimmteich von 100 m^3 Fassungsvermögen sind das 5 kg Kalziumkarbonat.
- Verwendet man statt $CaCO_3$ Branntkalk (CaO), benötigt man etwa die halbe Menge. Aber Achtung: Branntkalk ist stark ätzend, nur mit Schutzbrille, Atemschutz und Handschuhen ausbringen!

Pflanzen in Schwimmteichen sollten bei Bedarf ausschließlich mit phosphatfreien Spezialdüngern versorgt werden.

Sollte die Kalkung bei einem bereits fertiggestellten, also bepflanzten Teich erfolgen, empfiehlt es sich nicht, Branntkalk einzusetzen, da möglicherweise Pflanzenbestände durch die heftige Reaktion im Wasser geschädigt werden könnten. Sinnvollerweise erfolgt die Kalkung nicht im Badeteil, da sonst unnötige Kalkablagerungen am Beckengrund die Folge wären. Sind die Wasserwerte nicht allzu sehr im kalkarmen Bereich oder ist auf lange Zeit mit einer Verarmung an Karbonaten zu rechnen (was eigentlich immer der Fall ist), sollte mit dem Pflanzsubstrat oder im Bereich des Filters Kalkschotter, am besten aus Jura-Kalk, eingesetzt werden. Damit wird eine hervorragende Langzeitkalkung zugeführt, denn dieses Kalkgestein gibt im Wasser ganz allmählich Karbonate an die Umgebung ab.

Ungenügender Pflanzenwuchs kann auch durch starke Konkurrenz von Algen herrühren. Vor allem bei plötzlichem Auftreten von Massenentwicklun-

Die Kontrolle der Wasserwerte gibt Auskunft über den Zustand des Badegewässers.

gen fädiger Algen oder auch Trübung durch kleine, kokkale Algenarten sollte unbedingt vor Ort eine Wasseruntersuchung vorgenommen werden (Näheres dazu in den nachfolgenden Abschnitten dieses Kapitels).

Im Schwimmteichwasser voller Leben gibt es stets ein Nebeneinander von reduzierenden und oxidierenden Prozessen. Deshalb ist eine unter Schwimmteichpraktikern beliebte Methode der schnellen Wassergütebeurteilung die Bestimmung des rH-Wertes. Dieser Wert ist nichts anderes als das Umrechnen des gemessenen Redoxpotentials (Einheit: Millivolt, mV) in eine logarithmische Skala ähnlich der der pH-Skala.

Man benötigt also folgende Messwerte: Wassertemperatur, pH-Wert und Redoxpotential. Das Zweifache des gemessenen Redoxpotentials dividiert durch den temperaturabhängigen Wert der Nernst-Spannung (siehe Tab. 14) plus dem Zweifachen des gemessenen pH-Wertes ergibt den rH-Wert.

Der so bestimmte rH-Wert gibt uns, anders als das Redoxpotential und der pH-Wert allein, eine gute Charakterisierung der Verhältnisse im Wasser (siehe Tab. 15). Weil wir im Schwimmteich weder stark reduzierende (bei mangelndem Pflanzenwuchs oder unzureichender Bepflanzung) noch stark oxidierende Bedingungen (z.B. bei sehr starker Algenblüte) haben wollen, sollte das Wasser möglichst indifferente oder schwach oxidierende Bedingungen aufweisen.

Besonders wichtig wird die rH-Wert-Bestimmung bei der Beurteilung von Filtern. Dazu sollte nicht nur eine Vergleichsmessung der Verhältnisse vor und nach dem Filter, sondern möglichst auch im Filterkörper selbst vorgenommen werden. Reduzierende Verhältnisse im Filterkörper sollten immer

Tab. 14. Nernst-Spannung

Temperatur (°C)	Nernst-Spannung (mV)
0	54,20
5	55,19
10	56,18
15	57,17
20	58,16
25	59,16
30	60,15

Tab. 15. rH-Wert-Bestimmung (nach ELLENBERG et al. 1992, verändert)	
rH-Wert	**Wirkung**
0 bis 9	Stark reduzierende Eigenschaften
9 bis 17	Vorwiegend schwach reduzierend
17 bis 25	Systeme mit mehr oder weniger indifferenter Aussage
25 bis 34	Vorwiegend schwach oxidierend
34 bis 42	Stark oxidierende Eigenschaften

ein Alarmsignal sein, da eine Rücklösung der im Filter gebundenen Nährstoffe (Phosphate) drohen könnte (siehe Tab. 15).

Eine weitere Maßnahme bei ungenügendem Pflanzenwachstum ist das Düngen mit Spezialdünger wie unter Abschnitt „Unterhaltungspflege der Pflanzen" auf Seite 104 beschrieben.

Maßnahmen bei Algenbildung

Algen sind Pflanzen und als solche betreiben sie Photosynthese. Lebewesen, die Sauerstoff produzieren und Nährstoffe aus dem Wasser entnehmen und in ihrem Organismus speichern, sollten eigentlich willkommen sein im Schwimmteich.

Zunächst sollte betont werden, dass Algen zum Lebensraum Schwimmteich gehören, ganz gleich, ob winzige, einzellige Formen oder die langen Zellfäden der sogenannten Fadenalgen. Was sicher unerwünscht ist, ist ein übermäßiges Wachstum von Algen (siehe auch Tab. 16).

Wann werden Algen zum Problem? Es gibt zwei Situationen, in denen Algen vermehrt auftreten bzw. auftreten können: Am Ende der Bauphase nach dem Befüllen und Bepflanzen des Teiches und während der Badesaison, also bei entsprechend ausreichendem Lichtangebot. Massive Algenblüten in der lichtarmen Jahreszeit sind sehr unwahrscheinlich.

Selbst wenn beim Bau des Schwimmteiches alles richtig gemacht worden ist, vor allem das Füllwasser und die eingebauten Substrate keine zu hohen Phosphat-Werte aufweisen, kann es zu einer einige Tage bis wenige Wochen anhaltenden Algenblüte kommen. Das Wasser bekommt einen Grünton oder hellgrüne Algenwatten treten in größerer Zahl auf, vor allem im flachen Wasser.

Eine solche Algenblüte ist erklärbar durch die Jugend des Lebensraumes Schwimmteich. Selbst bei der richtigen „Mischung" aller Komponenten, können schon ein paar Sonnentage den Algen beste Bedingungen für eine mas-

Tab. 16. Beziehungen zwischen dem Auftreten von Fadenalgen und dem pH-Wert des Wassers			
Bereich pH etwa ...	**sauer 6,0 bis 6,9**	**neutral 7,0 bis 7,9**	**basisch 8,0 bis 9,0**
Arm an Nährstoffen	Keine Fadenalgen, kaum Pflanzenwuchs	Kaum Fadenalgen, Pflanzenwachstum eingeschränkt	Fadenalgen treten auf, Pflanzenwachstum gut
Reicher an Nährstoffen*)	Keine Fadenalgen, Pflanzenwuchs nur von Spezialisten	Fadenalgen zeitweilig vorhanden, Pflanzenwachstum gut	Fadenalgen treten regelmäßig auf, Pflanzenwachstum stark

*) wie N, NH_4, Cl_x sowie Mikronährstoffen wie Mg, K, nicht jedoch P

senhafte Vermehrung bescheren. Als sehr einfach gebaute Organismen (Einzeller oder Zellketten) haben sie gegenüber den gerade erst eingesetzten Pflanzen einen Vorsprung, weil sie binnen Stunden ihre Individuenzahl vervielfachen können.

Es gibt Schwimmteichfirmen, die, wissend um die eigentlich zu hohen Phosphatwerte im Füllwasser, eine solche Algenblüte bewusst in Kauf nehmen, um durch intensives Abkeschern der Fadenalgen am Ende der Bauzeit die von den Algen aufgenommenen Phosphate einzusammeln und für immer aus dem System zu entfernen. Ist der Kunde von diesem Vorhaben zuvor informiert worden, ist gegen dieses Verfahren einer Algenblüte zum Nährstoffexport nichts einzuwenden.

Dieses Beispiel können wir auch auf den zweiten typischen Fall, der Algenblüte während der Badesaison, anwenden. Wo Algen vermehrt auftreten und leicht mit dem Kescher abzuschöpfen sind, sollte dies geschehen. Aber Achtung! Nicht jede Alge ist eine Algenblüte. Als Faustregel kann man sagen: Treten irgendwo im Schwimmteich Fadenalgen auf und ihre Ausdehnung erreicht nicht mehr als 10 % der Wasseroberfläche, sind keinerlei Maßnahmen notwendig. Wem aus ästhetischen Gründen Algen nicht ins Bild passen, kann sofort aktiv werden und diese entfernen, wenn sich irgendwo eine grüne Watte bildet.

Die Sichttiefe des Wassers ist ein wichtiges Maß für die Wasserqualität und kann mit Hilfe einer Secchi-Scheibe an einer Knotenschnur gemessen werden. Ein Schwimmteich sollte immer klar bis zum Grund sein.

Schwieriger sind die nichtfadenbildenden, sogenannten kokkalen Algen. Auch sie werden nur zum Problem, wenn es zu einer plötzlichen Massenvermehrung kommt. Ob das tatsächlich der Fall ist, zeigt am besten eine Messung der Sichttiefe.

Dazu lässt man an einer Schnur einen weißen Gegenstand, zum Beispiel einen unten beschwerten Kunststoffdeckel von etwa 25 bis 30 cm Durchmesser, langsam ins Wasser sinken und schaut senkrecht von oben hinterher. In dem Moment, wo der Deckel durch die Trübung aus der Sicht verschwindet, misst man die Länge der Schnur vom Wasserspiegel bis zum Deckel. Wenn die Sicht geringer als 1,00 m ist, müssen Maßnahmen ergriffen werden. Das muss aber auch nicht unbedingt sein, denn solche Trübungen treten oft zu Zeiten auf, an denen noch gar nicht ans Baden gedacht werden kann. In diesem Falle kann man darauf setzen, dass mit dem Fortschreiten des Frühjahrs das Wasserpflanzenwachstum einsetzt, die Algen also Nährstoffkonkurrenz bekommen und sich nicht mehr so stark vermehren können, wodurch das Wasser wieder klar wird. Dieser Prozess kann, je nach Witterung, ein paar Tage bis wenige Wochen andauern.

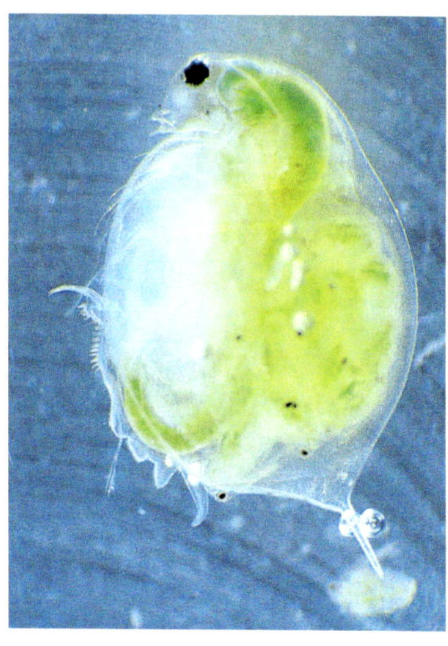

Wasserflöhe und Hüpferlinge gehören in jeden Badeteich. Die kaum millimetergroßen Plankter sind die wichtigsten Filtrierer im Schwimmteichwasser.

Eine wirksame Maßnahme bei durch einzellige Algen getrübtem Wasser ist das Einsetzen von Wasserflöhen und Hüpferlingen, die im Aquarienhandel erhältlich sind. Diese Kleinkrebse können in wenigen Tagen einen Schwimmteich klarfiltern. Allerdings kann es einige Wochen nach einem solchen „Großen Fressen" wieder zur Algenblüte kommen, denn die inzwischen abgestorbene Wasserflohpopulation hat unter Umständen die Phosphate wieder ins Wasser entlassen.

Dieses Beispiel zeigt, wie komplex die Lebenszusammenhänge im Süßwasser sind und betont auch, dass Schwimmteichwasser nachhaltig nur mit einem guten Bestand an Unterwasserpflanzen stabil bleibt.

Sollte ein Schwimmteich in der Badesaison oder über viele Wochen im Frühjahr trüb bleiben, muss unbedingt die Ursache für das vermehrte Algenwachstum gefunden werden, bevor irgendwelche Maßnahmen ergriffen werden. Dabei ist Ausschau zu halten nach eventuellen Einträgen von Nährstoffen, Einspülen von Regenwasser usw. Dasselbe gilt auch bei unkontrolliertem Wachstum von Fadenalgen.

Erkennen der wichtigsten Algentypen

Die Zahl der Süßwasser-Algenarten geht in die Tausende. Einzelne Arten zu erkennen, bleibt spezialisierten Biologen vorbehalten. Als Schwimmteichbesitzer können wir uns darauf beschränken, bestimmte Typen von Algen zu erkennen.

Die Fadenalgen, also solche, die Zellfäden bilden, welche sich zu Klumpen ballen können, sind grob nach Farbe und Textur unterscheidbar.

Greifen wir nach einer hellgrünen Algenwolke und bekommen sie mit den Händen kaum zu fassen, handelt es sich in Schwimmteichen höchstwahrscheinlich um Vertreter der sogenannten Zier-Fadenalgen. Diese Gruppe der Jochalgen ist in Schwimmteichen in kleinen Mengen anzutreffen, selbst wenn alle Wasserwerte im optimalen Bereich liegen, die Wasserpflanzen voll entwickelt sind und das Wasser kristallklar ist. Selbstverständlich finden sich dann nur wenige Fäden der Gattungen *Mougeotia* (Plattenalgen) und *Zygnema* (Sternalgen). Sie zeigen eine sehr gute Wasserqualität an. Eine weitere Gattung der Jochalgen, die Schraubenalgen (*Spirogyra*) treten erst auf, wenn ein klein wenig mehr Nährstoffe im Teichsystem vorhanden sind. Aber nach wie vor handelt es sich um Schwimmteiche mit optimaler Wasserqualität. Algenwatten dieser Gattungen lassen sich mit einem dünnen Holzstab aufspießen, dann mit vielen kleinen Umdrehungen aufwickeln und sind so leicht aus dem Teich zu entfernen.

Sind mehr Nährstoffe im Wasser des Lebensraumes Schwimmteich gelöst, kann dieser zum Habitat von Grünalgen-Arten aus den Gattungen *Cladophora* (Astalgen) werden. Sie sind leicht daran zu erkennen, dass sie sehr feste Zellfäden produzieren. Ein Bündel dieser Algen in der Hand lässt sich nur mit Krafteinsatz in zwei Teile zerreißen. Wegen ihrer derben Konsistenz lassen sich die Vertreter der Astalgen aber auch leicht aus dem Schwimmteich entfernen.

Willkommene Helfer bei der Algenbekämpfung sind die Kaulquappen. Der Froschnachwuchs weidet unermüdlich die Algenrasen ab.

Algentrübungen mit deutlich grüner Färbung gehen auf einzellige Grünalgen und Zieralgen zurück.

Ist die Algentrübung von bräunlichem Ton, kann das am Lichtmangel des Gewässers liegen. In diesem Fall sollte unbedingt ein Fachmann per Mikroskop die Ursache untersuchen. Gleiches gilt für gelblich milchige Trübungen, denn es besteht der Verdacht auf massenhafte Bakterienentwicklung.

Selbstverständlich darf das Badewasser niemals faulig riechen. Sollte dies der Fall sein, ist der Badebetrieb sofort einzustellen und ein Fachmann zu Rate zu ziehen, um die Ursachen zu ermitteln.

Möglichkeiten zur Eindämmung

Es macht keinen Sinn, irgendwelche Pülverchen gegen Algenwachstum zu kaufen. Selbst das teuerste Anti-Algenmittel kann das Wichtigste nicht: die Ursache des Algenwachstums erkennen und stoppen. Dies kann nur der verständige Schwimmteichbesitzer bzw. der Fachmann aus der Schwimmteichbaufirma. Dabei ist schon bekannt, wonach gesucht werden muss: nach einer Phosphatquelle, sie muss nur noch lokalisiert werden.

Eine der verbreitetsten Phosphatquellen sind mangelhafte Regenwasserdränagen, wodurch Wasser, das zuvor außerhalb des Teiches mit Nährstoffen angereichert wurde, in den Schwimmteich eindringen kann.

Leider kommt es auch immer wieder vor, dass sich die Füllwasserqualität plötzlich ändert und der Schwimmteichbesitzer mit Nachfüllwasser seinen Teich kontaminiert, ohne es zunächst zu bemerken.

Eine dritte Phosphatquelle ist der Badebetrieb. Schwimmteiche sind für eine bestimmte Besucherzahl dimensioniert und wenn diese über längere Zeit erheblich überschritten wird, kann das Folgen haben. Dabei ist es in vielen Fällen nicht allein der „diffuse“ Eintrag von Phosphaten durch die Badenden selbst, sondern auch die Störung des Pflanzenbereiches, zum Beispiel durch das Eindringen allzu wissbegieriger Badegäste.

Leider kommt es auch immer wieder vor, dass durch eine mangelhafte Filterkonstruktion oder -wartung eine Selbstdüngung des Schwimmteiches zur Algenblüte führt. Die festzustellen und in der Folge zu verändern, ist Sache eines Schwimmteichfachmannes. Auch ist darauf zu achten, dass das Aufwirbeln von Schlamm im Pflanzenbereich unterbleibt. Diese Gefahr besteht zum Beispiel, wenn das Ende eines Gartenschlauchs als Füllleitung im Pflanzenteil endet und das Wasser zu stark aufgedreht wird.

Weitere Maßnahmen, mit denen gegen unerwünschte Algenbildung vorgegangen werden kann, die aber nur nach Beratung durch einen Fachmann erfolgen sollten, sind der teilweise Wasserwechsel, das Absenken des pH-Wertes (dies stets nur in Zusammenhang mit weiteren Maßnahmen) und ein Rückschnitt der Unterwasserpflanzen und Seerosen. Als Faustregel kann gelten: Bei plötzlich einsetzendem, starkem Algenwachstum sollte man nicht auf die Algen schimpfen, sondern nachdenken, woher die Phosphate kommen, die ein solches Wachstum erst möglich gemacht haben. Ein sofortiges Abkeschern der Algen hilft beim Nährstoffexport.

Algenwatten sind ein guter Dünger für Bäume oder den Gemüsegarten und dürfen nicht am Teichrand liegen gelassen werden. Sonst sind nach dem nächsten Regen wieder alle Nährstoffe zurück im Teich.

Wasserhygiene

Hygiene am Schwimmteich beginnt nicht bei der Wasserqualität, sondern bei den Badegästen. Denn es gilt: Der größte „Verschmutzer" des Wassers im Schwimmteich ist der Mensch. Die menschliche Haut ist natürlicherweise mit Bakterien und Hautkeimen bedeckt.

Bei öffentlichen Schwimmteichen wird diese möglicherweise von den Badenden eingetragene Schmutzfracht sogar mit 100 mg Phosphor pro Badegast und Tag kalkuliert. Deshalb beginnt auch im privaten Bereich jedes Bad im Teich mit einem Gang unter die Dusche, die aus praktischen Gründen neben dem Schwimmteicheinstieg liegen sollte und ihr Wasser natürlich niemals in den Teich dränieren darf!

Anforderungen an Badewasser

Schwimmteiche sollten Badewasser bieten. Was Badewasser ist und was nicht, wird durch nationale und europäische Gesetzgebung geregelt. Wenn man also ein Labor mit einer Wasseranalyse beauftragt, sollte man darum bitten, dass die Ergebnisse nicht etwa mit den Richtwerten der Trinkwasserverordnung verglichen werden. Sinnvolle Orientierungswerte bieten zum Beispiel Badewasserrichtlinien mit ihren darin enthaltenen Empfehlungen für öffentliche Badestellen am Süßwasser, sofern keine spezifischen Richtlinien oder Orientierungswerte für Schwimmteiche vorliegen.

Einfache Analyseverfahren

Die beste Methode zum Erkennen einer guten Badewasserqualität ist noch immer eine genaue Wasseranalyse durch ein Labor. Dabei sollten chemisch-

Bild links: Eine Dusche vor jedem Bad im Schwimmteich ist eine hygienische Selbstverständlichkeit.

Bild rechts: Klares Wasser im Schwimmteich sollte eine Selbstverständlichkeit sein, sonst leidet nicht nur das Badevergnügen.

physikalische Parameter im Mittelpunkt stehen und nur bei Verdacht auf Verschmutzung durch pathogene Keime eine biologische Untersuchung vorgenommen werden.

Wer genauer und vor allem häufiger wissen will, wie es um die Qualität seines Badewassers steht, kann auf ein Analyseverfahren aus dem Aquarienhandel zurückgreifen. Allerdings bringt es wenig, mit Teststreifen nach Ammonium oder Nitrit zu suchen, wenn man nicht weiß, welche Werte eigentlich erreicht werden sollten. So sind die beiden genannten Stoffe in Schwimmteichen fast immer in nur geringen Mengen vorhanden und mit den Einfachverfahren per Teststreifen gar nicht nachweisbar. Für den wichtigsten Paramenter, den Gehalt an Phosphat, gibt es keine geeigneten Einfachmethoden, die im hier notwendigen Mikrogrammbereich arbeiten. Sinnvoll messen kann man eigentlich nur den pH-Wert. Dieser kann im Tagesverlauf stark schwanken, da durch die Photosynthesetätigkeit der Pflanzen das im Wasser gelöste Kohlendioxid aufgebraucht wird und somit nachmittags die höchsten pH-Werte (> 9) zu messen sind. Morgens liegen die pH-Werte eines intakten Schwimmteiches deutlich unter 9. Ähnliche Verhältnisse finden wir bei Sauerstoffmessungen vor. Auch diese sollten früh am Morgen erfolgen, wenn die niedrigsten Werte im System zu erwarten sind. Zur Ermittlung des Sauerstoffgehaltes ist allerdings ein entsprechendes Messgerät erforderlich, das seinen Preis hat.

Ein preiswertes und fachlich korrektes Angebot zur Bestimmung der Badewasserqualität gibt es von der Lavaris Lake GmbH. Dazu wird ein bei der Firma erworbenes Fläschchen mit Teichwasser gefüllt, an das Labor geschickt und dort ausgewertet.

Die Beurteilung der Wasserqualität kann aber in den meisten Fällen auch ohne großen Kostenaufwand vorgenommen werden: Wenn die Sichttiefe bis auf den Grund des Schwimmteiches reicht und der befeuchtete Handrücken nach dem Eintauchen ins Wasser kaum oder nur leicht frisch nach Pflanzen riecht, steht dem Badevergnügen nichts im Wege!

Unterhaltungspflege der Pflanzen

Fast alle in Schwimmteichen eingesetzten Wasserpflanzen sind ausdauernde Arten, das heißt, sie besitzen spezielle Organe, zum Beispiel Knollen (Schwertlilien) oder Rhizome (Laichkräuter und Schilf), mit denen sie ungünstige Zeiten für das Wachstum überdauern. Die Pflanzen im Schwimmteich sterben im Herbst also nicht ab, sondern ziehen sich in ihre Wurzelorgane zurück, aus denen sie im nächsten Frühjahr wieder austreiben.

Abgestorbene Pflanzenteile, sofern sie braun und vertrocknet sind, sollten im Herbst und gegebenenfalls auch zu anderen Jahreszeiten zurückgeschnitten werden. Bei üppigem Pflanzenwachstum im Uferbereich kann auch in grünem Zustand gestutzt werden, normalerweise geschieht dies jedoch nicht vor dem dritten Standjahr eines Schwimmteiches.

Ein genereller Rückschnitt der Ufervegetation kann ab dem dritten Jahr im Winter erfolgen, wobei die trockenen Pflanzenteile etwa 10 cm über dem Wasserspiegel abgeschnitten werden. Dies ist wichtig, um weiterhin das Bodensubstrat unter Wasser mit Sauerstoff zu versorgen und das Überleben der Pflanze zu sichern.

Der Rückschnitt der Seerosen kann auch von einem geeigneten Schlauchboot aus durchgeführt werden und, wie man sieht, durchaus Vergnügen bereiten.

Warum dieser Schnitt? Die Pflanzen im Schwimmteich sind unsere wichtigsten Nährstoffsammler. Von außen eingetragene Nährstoffe, wie Phosphate und Nitrate, werden von ihnen zum Aufbau der Zellen aus dem Wasser und aus dem Bodengrund aufgenommen. Sterben nun die grünen Pflanzenteile ab und gelangen in das Wasser, zersetzen Bakterien und Pilze dieses Material und die in den Zellstrukturen gebundenen Nährstoffe gelangen wieder zurück in den Nährstoffkreislauf. Eigentlich könnte man auf diesen Pflanzenschnitt verzichten, denn was im Lebensraum Schwimmteich aufgewachsen ist, kann auch in ihm wieder mineralisieren. Dies ist aber nur die Theorie, denn durch die Badenutzung und durch diffuse Einträge, wie Staub, Laubfall, Blütenstaub und Niederschläge, kommen von außen ständig neue Nährstoffe in das System Schwimmteich und reichern sich dort an. Wir brauchen also einen Export von Nährstoffen und diesen erreichen wir durch den (herbstlichen) Rückschnitt der Pflanzen.

Weitaus effektiver als der Rückschnitt der Uferpflanzen ist das Entnehmen von allzu üppig entwickelter Unterwasservegetation und von Schwimmblättern der Seerosen, Seekannen und Teichrosen. Ab August sollte bei Teichen, die älter als zwei Jahre sind, ein Schnitt bzw. eine Entnahme der Unterwasserpflanzen erfolgen, insbesondere bei *Myriophyllum*, *Elodea* und feinblättrigen *Potamogeton*-Arten. Großblättrige *Potamogeton*-Arten sowie lichte Bestände werden dabei grundsätzlich nicht geschnitten.

Diese Variante des Nährstoffexportes mittels Pflanzenschnitt birgt einige Risiken: Es muss in der Regel der Pflanzenteil betreten werden, wodurch die Gefahr des Aufwirbelns von dort akkumuliertem Schlamm besteht, sofern nicht mit einem Schlauchboot gearbeitet wird. Gleiches gilt, wenn die Pflanzen nicht geschnitten, sondern herausgerissen werden. Außerdem reagieren die Unterwasserarten recht unterschiedlich auf den Rückschnitt. Viele Laichkräuter erholen sich im Folgejahr nur sehr langsam von der Aktion, während Tausendblatt-Arten den Verlust an Biomasse sehr gut verkraften. Ein selekti-

Beim Waten zwischen den Pflanzen ist unbedingt darauf zu achten, dass die Unterwasserpflanzen nicht beeinträchtigt werden und so wenig Schlamm wie möglich aufgewirbelt wird.

ves Vorgehen ist also ratsam. Im Zweifelsfall sollte man einen Schwimmteichfachmann oder Wasserpflanzengärtner zu Rate ziehen.

Weitere Maßnahmen der Pflanzenpflege betreffen vor allem die Seerosen. Damit sie wie gewünscht ihre Blütenpracht die ganze Saison über entfalten, sollten sie gedüngt werden. Dabei hat es sich bewährt, den Dünger einzufrieren, zum Beispiel als mit reichlich Hornspänen oder Fischmehl versetzte Tonstangen. Bei Bedarf wird die Düngerstange in etwa 10 cm Entfernung vom Seerosenrhizom in das Substrat gestochen und sorgfältig abgedeckt. Auf diese Weise kommt die Pflanze an ihre Nährstoffe, aber diese können nicht in das Wasser gelangen, wo sie das Algenwachstum fördern würden.

Häufig wird diese Form der Düngung aber auch einem Fachmann überlassen.

Da das Wachstum der Unterwasserpflanzen von entscheidender Bedeutung ist, sollte man sich im Schwimmteichfachhandel nach phosphatfreien Düngern für Unterwasserpflanzen, zum Beispiel von der Biotop Landschaftsgestaltung GmbH (Österreich), umsehen. Wichtig ist, dass die Phosphatfreiheit des Düngers vom Hersteller garantiert wird. Eine Alternative, allerdings nur unter Hinzuziehung eines Fachmannes, ist das Düngen des Schwimmteiches mit Kali-Salpeter (KNO_3). Wie bei jedem Dünger muss richtig dosiert werden, wofür genaue Informationen über die chemische Zusammensetzung des Teichwassers notwendig sind. Ein Dosierungshinweis kann deshalb pauschal nicht gegeben werden.

Wartung der Technik

Auch in einem Schwimmteich ohne zusätzliche technische Ausrüstung, wie Pumpen oder Skimmer, muss Technik gewartet werden. Denn zur Technik zählt auch der Überlauf für überschüssiges Regenwasser. Ist dieser durch Laub oder Algen verstopft, kann das gesamte Schwimmteichbauwerk durch unkontrolliert überlaufendes Wasser Schaden nehmen.

Nach der Kontrolle des Regenüberlaufes ist das Wichtigste das regelmäßige Prüfen der Stabilität von Stegen und Leitern. So manche unliebsame Überraschung gab es schon mit einer nicht festgezogenen Schraube oder einer angeknacksten Stegplanke. Sollten also solche Bagatellmängel festgestellt werden, müssen sie sogleich behoben werden. Alle Einrichtungen des Schwimmteiches, bei denen durch Alterung oder Abnutzung Gefahrenstellen auftreten könnten, sollte man regelmäßig prüfen.

Die Kontrolle bzw. das Reinigen von Technikkomponenten, wie Skimmern und Filtern, muss ebenfalls eine Selbstverständlichkeit sein und gehört genauso zu den Aufgaben des Schwimmteichbesitzers wie das regelmäßige Badevergnügen. Die Erfahrung zeigt, dass Skimmer und extern aufgestellte Filter noch eher gewartet werden als die Pumpen. Doch auch diese müssen ab und zu gereinigt werden, denn selbst in einem noch so sauberen Schwimmteich verirrt sich so manche Pflanzenfaser oder Schnecke in den Vorfilter der Pumpe und muss von dort entfernt werden.

Wer Solarpumpen einsetzt und sich eines Tages wundert, dass die Leistung dieser Geräte nachgelassen hat, sollte mit einem trockenen Lappen über die Solarmodule wischen, um auszuschließen, dass Staub auf den Modulen die Leistung drosselt.

Unabhängig davon, ob solar oder aus der Steckdose mit Strom versorgt, alle Pumpen sind an Schläuche bzw. Rohre angeschlossen. Wird eine größere Verschmutzung im Vorfilter der Pumpe festgestellt, sollte auch daran gedacht werden, dass möglicherweise auch die Verbindungen verschmutzt oder gar verstopft sind. Da die Rohrleitungen oft im Substrat eingebaut und nur schwer herauszunehmen sind, muss eine kräftige Spülung mit Wasserdruck möglich sein, um Verschmutzungen auf diesem Wege zu entfernen.

Sollten Fehler im Bereich der Elektrik festgestellt werden, ist sofort der Badebetrieb einzustellen und ein Elektriker zu bestellen, der für die fachgerechte Reparatur der elektrischen Installationen sorgt. Dies ist nicht nur eine Frage der Sicherheit, sondern kann auch wichtig sein, wenn es zum Beispiel im Schadensfall um Garantiefragen der Pumpen- und Filterhersteller geht.

Teil 3
Grundlagen zu Bau und Unterhalt

Regelwerke und gesetzliche Bestimmungen

Private Schwimmteiche werden häufig von Fachbetrieben des Garten- und Landschaftsbaus errichtet. Für einzelne Teilleistungen, zum Beispiel elektrische Anschlüsse, werden entsprechende Fachbetriebe beteiligt.

Ganz gleich, ob der Schwimmteich vom Bauherrn selbst oder einem Gartenarchitekten entworfen worden ist, ein Plan sollte immer aufgestellt werden. Vielfach erledigen dies auch von dem beauftragten GaLaBau-Betrieb hinzugezogene Planer.

Der Plan ist Teil des Werkvertrages, den der Bauherr bei Auftragsabschluss mit dem ausführenden Betrieb (ggf. auch mit dem Gartenarchitekten) abschließen sollte. Es gelten die entsprechenden Bestimmungen des BGB bzw. die Honorarordnung und die VOB.

In Deutschland, Österreich und der Schweiz gibt es inzwischen Regelwerke (D) bzw. Empfehlungen (A, CH) zum Bau und Betrieb von Schwimmteichen. In Österreich ist zudem eine ÖNORM in Vorbereitung. Es empfiehlt sich, bereits bei der Planung diese Regelungen zu konsultieren bzw. im Werkvertrag mit der ausführenden Firma festzulegen, dass diese Bestimmungen bei Planung und Bau berücksichtigt werden bzw. bei Bedarf zu definieren, an welchen Punkten beim konkreten Vorhaben von diesen Bestimmungen abgewichen werden soll. Dies ist vor allem deshalb ratsam, um bei Vertragsabschluss eine einfache Definitionsmöglichkeit zu haben, welche Qualitäten und Eigenschaften das fertige Werk aufweisen soll. Bei etwaigen Streitfragen kann dann anhand der Bestimmungen im Regelwerk bzw. den Empfehlungen leicht festgestellt werden, ob Abweichungen vorliegen, die eventuell den beanstandeten Mangel erklären könnten.

Ökonomische Aspekte

Die Kosten eines Schwimmteich-Neubaus sind vor allem vor dem Hintergrund seiner Lebensdauer zu sehen. Diese Lebensdauer hängt hauptsächlich von der Qualität und Alterungsresistenz der verwendeten Materialien ab. Wenn man bedenkt, dass Qualitätsfolie im Dichtungsbau eine Lebensdauer bescheinigt wird, die deutlich jenseits der von Stahlbeton liegt, kann angenommen werden, dass Schwimmteiche eine Lebensdauer von weit mehr als 25 Jahren haben.

Da die ersten Schwimmteiche vor rund 25 Jahren gebaut wurden, gibt es bislang jedoch nur wenig Belege, dass diese naturnahen Badeeinrichtungen diese Lebensdauer auch erreichen. Einer der ersten privaten Schwimmteiche in Österreich ist im Jahre 2007 ganze 29 Jahre alt geworden und erfreut seine Besitzer auch heute noch wie am ersten Tag. Sicher kann man davon ausgehen, dass in derselben Zeit Tausende von Betonswimmingpools erbaut, genutzt und wegen Leckagen repariert worden sind.

Aber Materialalterung ist nur ein Faktor, der bei einer ökonomischen Bewertung des Produktes Schwimmteich zu bedenken ist. Ein weiterer, ebenso entscheidender ist der Faktor Sukzession, also die ökologische Alterung des Systems Schwimmteich, vereinfacht gesagt, der schleichende Verlan-

dungsprozess. Schwimmteiche reichern sich im Laufe der Jahre mit ökologischem „Abfall", also nur schwer weiter zersetzbaren Stoffen an, die einerseits das Pflanzenwachstum fördern, auf die Dauer aber zu einem Ansteigen der Schlammschichten führen. Dagegen gibt es nur ein geeignetes, unbedingt zu berücksichtigendes Mittel: Rückschnitt der Unterwasser- und gegebenenfalls auch der Ufervegetation im Herbst, vor Ende der Vegetationsperiode, und das regelmäßige Absaugen des abgelagerten Mulms im Badebereich. Auf diese Weise wird dem System Biomasse entzogen, es kommt zu einem alljährlichen Zurückdrehen der biologischen Uhr. Wer diese wichtigen Pflegemaßnahmen befolgt, tut also nicht nur etwas für ein gutes Pflanzenwachstum und folglich klares Wasser, sondern auch etwas für die Lebensdauer seines Schwimmteiches.

Womit wir schon bei einem weiteren Kostenfaktor angelangt sind: den Pflege- und Unterhaltskosten. Einige Teilaspekte dieser Kosten sind leicht zu ermitteln. So verbraucht eine potenzstarke Pumpe mehr Strom, eine kleine weniger und der Strom einer Solarpumpe ist gratis. Letztere schlägt dafür bei den Investitionskosten zu Buche. Wie viel Strom verbraucht wird, ist von der umzuwälzenden Wassermenge und der Dauer des Pumpenbetriebes abhängig. Die verschiedenen Schwimmteichsysteme nutzen unterschiedlich viel Technik, sodass diese Frage mit dem Anbieter zu klären ist.

Wasserkosten fallen in dem Maße an, wie Wasser aus dem Teich verdunstet. In der Regel kann man in Mitteleuropa mit einer ausgeglichenen Wasserbilanz rechnen, das bedeutet, bei Sonnenschein verdunstet das Wasser,

Schwimmteiche in Ferienhäusern werden immer beliebter, hier ein Beispiel aus Italien.

Rahmendaten

Baujahr: 2004
Größe: 220 m²
Badeteil: 86 m²
Reinigungsteil: 134 m²
Tiefe: Badeteil 2,50 m, Reinigungsteil 1,50 m
Technik: drei kleine Rundskimmer mit BaDu-Top-13-Pumpe, Quellstein, vier Perolithfilter und Niederspannungspumpe mit 6 m³/h im Dauerbetrieb
Ufergestaltung: mit Kies und Ziersteinen
Bauliche Besonderheiten: Zonenabtrennung mit Teichsäcken
Firma: GART Gartenmanufaktur (Italien)

Regen füllt den Teich wieder auf und ein Nachfüllen aus der Leitung entfällt. Ausnahmesommer mit hohen Temperaturen und wochenlang kein Regen können aber zu einem großen Bedarf an Wasser zum Verdunstungsausgleich führen, was auch Kosten verursacht.

Bleibt die Frage der Größe: Schwimmteiche haben meistens, bedingt durch das biologische Reinigungssystem, also den Aufbereitungsbereich, einen größeren Flächenbedarf. Dies könnte ein Grund sein, sich für einen besonders kleinen Teich entscheiden zu wollen. Es ist aber wichtig zu wissen, dass ein doppelt so großer Teich nicht doppelt so viel kostet, da beispielsweise der Materialverbrauch nicht linear ansteigt. Dieser vermeintliche Nachteil der Größe ist auch in einem anderen Zusammenhang zu bewerten, denn große Teiche sind in ihrem Verhalten stabiler und weniger störanfällig.

Da der Schwimmteich neben der Funktion Schwimmen und Baden auch noch weitere übernimmt, ist dies bei der Investition zu bedenken. Schnell rückt er in den Mittelpunkt der Gartengestaltung und wird zum Anziehungspunkt für die Bewohner. Eine Wasserfläche im Garten ist das ganze Jahr attraktiv und interessant, also viel mehr als nur eine Bademöglichkeit, eher ein Stück Lebensqualität.

Viele Studien aus verschiedenen europäischen Ländern belegen, dass die Faustregel lautet: 10 % der Investitionskosten eines Schwimmteiches ergeben die Summe der jährlichen Pflege- und Unterhaltskosten. Also 2000 Euro pro Jahr bei einem Schwimmteich, der für 20 000 Euro erstellt worden ist.

Wie hoch die Investitionskosten für einen Schwimmteich privater Nutzung sind, ist in einer allgemeingültigen Form nicht zu sagen. Wer seinen Schwimmteich für Quadratmeterkosten von unter 200 Euro bekommt, muss sehr darauf achten, ob das Billige auch preiswert war. Die meisten Schwimmteiche kosten, ohne Eigenbeteiligung, mindestens 250 bis 300 Euro pro Quadratmeter Wasserfläche.

Nehmen wir einmal an, dass ein Schwimmteich eines 4-Personen-Haushaltes 25 000 Euro gekostet hat. Bei einer Lebensdauer von 25 Jahren sind das 1000 Euro pro Jahr (Zinsen, Inflation und Amortisation einmal beiseite gelassen). Dann kommen noch 2500 Euro Unterhalts- und Pflegekosten hinzu. Das macht in der Summe 3500 Euro im Jahr.

Zweifelsohne sind Schwimmteiche Luxusobjekte im Wellnessbereich, wie Swimmingpools, Saunen und vieles andere mehr eben auch. Gegen diese Kosten müsste man jetzt, um die ökonomische Bewertung zu vervollständigen, noch den Zugewinn an Lebensfreude, das Schwimmenlernen der Kinder, die Naturbeobachtung rund um das Jahr usw. gegenrechnen. Werte, die in Euro nicht leicht zu beziffern sind.

Fazit: Schwimmteiche sind ein Wertzuwachs für ein Grundstück, eine Bereicherung für den Garten und ein unbezifferbarer Zugewinn an Lebensqualität. Wer es sich leisten kann, sollte sich den Wunsch nach einem eigenen Schwimmteich erfüllen.

Checkliste zur Planung eines Schwimmteiches

Juristische Ausgangssituation

- ☐ Handelt es sich um ein Hausneubauvorhaben oder um eine Schwimmteich- und Gartenanlage?
- ☐ Ist eine Genehmigung vonnöten (Schutzgebiete usw.) oder liegt bereits eine vor (z.B. für einen Swimmingpool)?
- ☐ Welches sind die Kriterien für eine Genehmigung?

Grundstücksanalyse

Eine gründliche Datenerhebung vor Ort ist wichtig, um die Machbarkeit eines Projektes zu prüfen und den Umfang der Arbeiten (und damit der Kosten) einschätzen zu können.

Flächenanalyse

Wie viel Fläche steht zur Verfügung? ....

- ☐ Besteht eine Hangneigung? Wenn ja, wie viel Prozent in Richtung ...?
- ☐ Müssen Abstände eingehalten werden (Grundstücksgrenze, Gebäude, Wege, Bäume u. a.)?
- ☐ Gibt es Schattenwurf auf die vorgesehene Fläche (woher stammt er, wann, wie viel Prozent der Fläche)?

Vegetation

- ☐ Sind Reinigungs- oder Fällarbeiten (Bäume, Gehölze, Hecken) als vorbereitende Maßnahmen durchzuführen?
- ☐ Sind Fällmaßnahmen genehmigungspflichtig (Baumschutzverordnung)?
- ☐ Gibt es große Bäume (Schattenwurf, Laubfall)?
- ☐ Müssen Arten oder einzelne Exemplare bestehen bleiben und in die Planung integriert werden?

Boden

Wie ist die Bodenbeschaffenheit am Bauplatz? ....

Sand oder Erde ohne Steine. ....

Sand oder Erde mit kleinen Steinen. ....

Anstehender Fels (ab einer Tiefe von ...). ....

Welches Gestein? ....

Gibt es Erkenntnisse zum Grundwasserstand (wie viele Meter unter Flur, jahreszeitliche Schwankungen, Staunässe)? ....

Rohrleitungen

- ☐ Gibt es bestehende Rohrleitungen im Bereich des Bauplatzes?

Welcher Art sind sie und wofür sind sie da (Strom, Wasser, Abwasser usw.)? ....

- ☐ Besteht die Gefahr einer Beschädigung von Leitungen beim Ausheben der Grube (Strom = Lebensgefahr)?

Erdarbeiten

- ☐ Besteht eine Zufahrt für Baumaschinen, Bagger, Lastwagen usw.?
- ☐ Gibt es einen Platz für ein Materiallager und einen Geräteschuppen/Bauhütte?

Welche Materialien oder Geräte müssen angeliefert werden? ....

Wohin mit dem Erdaushub? ....

Kann der Aushub auf dem Grundstück abgelegt/eingebaut werden oder muss man ihn abtransportieren? ....

Füllwasser

Welche Wasserquelle (öffentliches Netz, Quelle, Brunnen, Tiefbrunnen) steht zur Verfügung? ....

Welche Qualität hat das Füllwasser (Trinkwasser, bakteriologische sowie physikalisch-chemische Eigenschaften)? ....

Quantität der Lieferung oder eventuelle Restriktionen (Rohrleitung, Lieferzeiten, Tarife)? ....

Von wo kann die Wasserversorgung verlegt werden? ....

Checkliste zur Planung eines Schwimmteiches *(Fortsetzung)*

Dränagen

- ☐ Aufnahme vorhandener Dränagen und Wasserlinien sowie Regenwasserleitungen.
- ☐ Besteht die Gefahr, dass Wasser auf den Bauplatz zuläuft (Dachwasser, Hangwasser)?
- ☐ Klärung von Zuständigkeiten bei der Ausführung neuer Dränagen.
- ☐ Wohin mit dem Wasser aus dem Regenwasserüberlauf des Teiches?

Hanglagen und Stützmauern

- ☐ Müssen Stützmauern errichtet werden, um
  - ☐ den Wasserspiegel in gewünschter Größe anzulegen?
  - ☐ das Gelände zu sichern?
  - ☐ Erdrutschungen zu vermeiden?
  - ☐ Aufenthaltsflächen zu schaffen?
- ☐ Sind eventuell statische Berechnungen durch einen Bauingenieur nötig (Hangdruck, Wasserdruck, Beschaffenheit der Mauer)?

Haustiere

- ☐ Gibt es Haustiere, die freien Zugang zum Wasser haben könnten?
  - ☐ Wasservögel, wie Gänse, Schwäne, Enten
  - ☐ Hunde
  - ☐ Andere Haustiere (Schafe, Ziegen, Pferde usw.)
- ☐ Ist aus diesem Grund eine Umzäunung vonnöten?

Benutzerdaten

Anzahl der Benutzer? ....

Saisonale Schwankungen (Ferien, Wochenende), wenn ja, wie groß? ....

Darunter wie viele Kinder? Kleinkinder (Umzäunung nötig)? ....

Können alle Benutzer schwimmen? ....

Irgendwelche Besonderheiten? ....

Kundenwünsche zur Teichkonfiguration

Wie groß sollte der Badebereich werden (Länge, Breite, Tiefen, maximal und minimal)? ....

Schwimmer- und Nichtschwimmerbereiche, Flachwasserbereiche für Kleinkinder? ....

Welche Art von Einstieg (Steg mit Leiter, Treppe, Rampe, Strand)? ....

Sprungmöglichkeiten (Felsen, Sprungbrett oder -turm), hierbei auf die notwendigen Teichtiefen achten. ....

Anderes (z.B. Rutsche, Beleuchtung). ....

Soll es Wasserbewegung geben und diese zu hören oder zu sehen sein (Wasserfall, Bachlauf, Quellstein, Fontänen o. Ä.)? ....

Spezielle Wünsche zum Pflanzenteil (Arten, Blütenfarben)? ....

Checkliste zur Planung eines Schwimmteiches *(Fortsetzung)*

Landschaftsanalyse

Einige der Landschaftsdaten können bedeutend für die Platzierung und das langfristige Funktionieren des Schwimmteiches sein.

Im Winter geht das Leben im Teich weiter, doch mit weniger Energie- und Stoffumsatz.

Rahmendaten

Baujahr: 1999
Größe: 130 m^2
Badeteil: ca. 65 m^2
Reinigungsteil: ca. 65 m^2
Tiefe: Badeteil 2,20 m, Reinigungsteil 1,20 m
Technik: Wasserabzug über zwei kleine Rundskimmer, Rückführung über einen Wasserfall, Pumpenleistung ca. 10 m^3/h, Betrieb der Pumpe nach Bedarf (Laubfall, Schmutz auf der Wasseroberfläche usw.),
Ufergestaltung: Teichrand mit PE-Kunststoffbahn oder Betonrandsteinen
Bauliche Besonderheiten: Abtrennung mit Teichsäcken
Firma: Teich & Garten, Carsten Schmidt

Geografische Lage

- ☐ Wie sind die Hauptwindrichtungen und dadurch bedingte Wasserströmungen im Teich?
- ☐ Verändern sich diese im Jahreslauf?
- ☐ Temperaturen und Verdunstungsraten im Jahresgang?
- ☐ Höhenlagen oder Meeresnähe?
- ☐ Geologische Merkmale.
- ☐ Wasserchemismus.
- ☐ Zu verwendende Substrate oder Gesteine.
- ☐ Nährstoffsituation des Teiches (evtl. Einträge).
- ☐ Lage des Teiches (Wind, Sonne, Schatten).
- ☐ Gibt es in der Nähe andere Gewässer, wie Bäche, Tümpel, Teiche?

Ein Pumpenschacht kann ganz elegant unter einem Holzdeck eingebaut werden. Ein bewegliches Deckelement ermöglicht den Zugang.

Gestalterische Anforderungen

- ☐ Ist der Teich von Terrasse oder Haus zu sehen?
- ☐ Ist eine Aussicht auf Garten oder Landschaft vorhanden?
- ☐ Sind Sichtachsen für Fernsicht zu erhalten?
- ☐ Ist ein Sichtschutz notwendig?
- ☐ Ist landschaftliche Einbindung gewünscht oder sinnvoll?
- ☐ Sind spezielle Effekte zu erzielen?

Biologische Besonderheiten

- ☐ Ist die Artenauswahl der Pflanzen auf die lokalen Gegebenheiten abgestimmt?
- ☐ Wie ist die Vergesellschaftung der Arten am Standort (Berücksichtigung der Pflanzensoziologie)?
- ☐ Wie ist das Verhalten der Arten am Standort?
- ☐ Wie ist die voraussichtliche Wüchsigkeit der Pflanzen?

Systembedingte Komponenten

- ☐ Gibt es teichinterne, systembedingte Strömungen?
- ☐ Wie ist die Art und Weise von Filtrierung, welche Ergebnisse sollen erzielt werden?
- ☐ Wie sieht die Filtertechnik aus?
- ☐ Gibt es eine systembedingte Nährstoffdrift? Wenn ja, wohin und was wird damit gemacht?
- ☐ Wie sind die Wassertiefen, welche Effekte werden durch sie verursacht?

Tabellen zur Pflanzenauswahl

Projektbezogene Wasserwerte werden, wie in Kapitel „Pflanzenauswahl und Pflanzplanung“ auf Seite **73** beschrieben, mit folgender Tabelle den Ellenbergschen R- und N-Werten zugeordnet.

Tab. 17. Zuordnung von Zeigerwerten (Ellenberg et al. 1992) zu Wasserparametern									
Härtegrad (°dH)	1	2	< 4	5	> 5	> 10	> 15	> 20	> 30
Kalziumkarbonat ($CaCO_3$ in mg/l)	18	36	< 72	90	> 90	> 180	> 270	> 360	> 540
R-Wert	**1**	**2**	**3**	**4**	**5**	**6**	**7**	**8**	**9**
Nitrat (NO_3 in mg/l)	0	1	< 5	> 5	> 10	> 15	> 25	> 30	> 40
Ammonium (NH_4 in mg/l)	0	< 0,5	> 0,6	> 1	> 2,5	> 5	> 6	> 7,5	> 10
Phosphat (PO_4 in mg/l)	0	< 0,02	< 0,04	< 0,08	< 0,1	< 0,2	< 0,25	< 0,3	> 0,3
Phosphor (P in mg/l)	0	< 0,01	0,01	0,02	0,03	0,06	0,08	0,1	> 0,1
N-Wert	**1**	**2**	**3**	**4**	**5**	**6**	**7**	**8**	**9**

Ablesebeispiel: Aus der Wasseranalyse werden der Härtegrad und/oder der Kalziumkarbonatwert abgelesen und ihnen wird ein R-Wert in der R-Wert-Zeile zugeordnet. Entsprechendes gilt für die Ermittlung des N-Wertes. Es reicht, wenn aus der Wasseranalyse mindestens ein Messparameter vorhanden ist und somit zugeordnet werden kann. Sollten mehrere Werte aus der Wasseranalyse zur Verfügung stehen und die Ellenberg-Werte nach jeweils erfolgter Zuordnung leicht differieren, gilt der höchste der ermittelten Werte.

Die nebenstehende Artentabelle (Tab. 18) enthält in alphabetischer Ordnung 190 europäische, für Schwimmteiche potentiell geeignete Sippen sowie deren R- und N-Werte (nach Ellenberg) sowie die entsprechende pflanzensoziologische Zuordnung (SOZ). Aus ihr können Arten mit den zuvor nach den Wasserwerten bestimmten R- und N-Werten (ökologische Präferenz) herausgesucht werden. Die Vergesellschaftung der Arten in der Natur wird mit dem Soziologie-Wert (SOZ) wiedergegeben. Der Wert x bezeichnet indifferente Arten, die keiner ökologischen Präferenz zuzuordnen sind. Sie können in der Regel überall eingesetzt werden.

Sehr hilfreich in der Praxis ist eine einmalige Übertragung dieser Artenliste (Tab. 18) in eine Computerdatei, mittels derer die Auswahl über einen Sortiermodus dann erheblich leichter fällt (Tab. 19 und 20).

Bild links: Anagallis tenella, der Zarte Gauchheil, bildet zarte Blütenteppiche auf sandigem Substrat.

Bild Mitte: Carex pseudocyperus, die Scheinzypergras-Segge, ist eine beliebte Uferpflanze im Schwimmteichbau.

Bild rechts: Iris versicolor, die amerikanische Sumpf-Schwertlilie, gibt es in vielen Zuchtformen.

Tab. 18. Gesamtartenliste der für Schwimmteiche geeigneten Arten (nach ELLENBERG et al. 1992, verändert)

Gattung	Art	Deutscher Name	R	N	SOZ
Acorus	*calamus*	Kalmus	7	7	1.510
Aldrovanda	*vesiculosa*	Wasserfalle	7	4	1.111
Alisma	*gramineum*	Grasblättriger Froschlöffel	7	4	1.310
Alisma	*lanceolatum*	Lanzettblättriger Froschlöffel	7	5	1.510
Alisma	*plantago-aquatica*	Gewöhnlicher Froschlöffel	x	8	1.500
Anagallis	*tenella*	Zarter Gauchheil	x	2	5.414
Apium	*inundatum*	Flutender Sellerie	x	2	1.414
Apium	*nodiflorum*	Knotenblütiger Sellerie	x	6	1.513
Baldellia	*ranunculoides*	Gewöhnlicher Igelschlauch	x	2	1.414
Berula	*erecta*	Schmalblättriger Merk	8	6	1.513
Bolboschoenus	*maritimus*	Meerbinse	8	7	1.512
Butomus	*umbellatus*	Schwanenblume	x	7	1.511
Butomus	*umbellatus* var. *vallisneriifolia*	Schwanenblume	7	7	1.313
Caldesia	*parnassifolia*	Herzlöffel	8	7	1.511
Calla	*palustris*	Schlangenwurz	6	4	1.511
Callitriche	*hermaphroditica*	Herbst-Wasserstern	4	3	1.310
Callitriche	*obtusangula*	Nussfrüchtiger Wasserstern	7	7	1.313
Callitriche	*stagnalis*	Teich-Wasserstern	6	4	1.313
Carex	*acuta*	Schlank-Segge	6	4	1.514
Carex	*atherodes*	Grannen-Segge	7	5	1.514
Carex	*buekii*	Banater Segge	8	6	1.514
Carex	*chordorrhiza*	Strick-Segge	4	3	1.712
Carex	*elata*	Steife Segge	x	5	1.514
Carex	*lasiocarpa*	Faden-Segge	4	3	1.712
Carex	*pendula*	Hänge-Segge	6	6	8.433
Carex	*pseudocyperus*	Scheinzypergras-Segge	6	5	1.510
Carex	*riparia*	Ufer-Segge	7	4	1.514
Carex	*rostrata*	Schnabel-Segge	3	3	1.514
Carex	*vesicaria*	Blasen-Segge	6	5	1.514
Ceratophyllum	*demersum*	Raues Hornblatt	8	8	1.310
Ceratophyllum	*submersum*	Zartes Hornblatt	8	7	1.310
Cladium	*mariscus*	Binsen-Schneide	9	3	1.511
Crassula	*aquatica*	Wasser-Dickblatt	x	2	3.111
Cyperus	*longus*	Langes Zypergras	x	5	1.514
Deschampsia	*littoralis*	Bodensee-Schmiele	7	2	1.415
Elatine	*alsinastrum*	Quirl-Tännel	5	4	3.111
Elatine	*hexandra*	Sechsmänniger Tännel	3	2	1.400
Elatine	*hydropiper*	Wasserpfeffer-Tännel	2	3	3.110
Elatine	*triandra*	Dreimänniger Tännel	4	4	3.110

Tab. 18. (Fortsetzung)

Gattung	Art	Deutscher Name	R	N	SOZ
Eleocharis	*acicularis*	Nadel-Sumpfsimse	x	2	1.417
Eleocharis	*mamillata*	Zitzen-Sumpfsimse	4	3	1.712
Eleocharis	*palustris*	Gewöhnliche Sumpfsimse	x	?	1.510
Eleocharis	*parvula*	Kleine Sumpfsimse	7	5	2.211
Eleocharis	*quinqueflora*	Armblütige Sumpfsimse	7	2	1.720
Eleocharis	*uniglumis*	Einspelzige Sumpfsimse	7	5	1.514
Elodea	*canadensis*	Kanadische Wasserpest	7	7	1.310
Elodea	*nuttallii*	Schmalblättrige Wasserpest	?	7	1.311
Epilobium	*hirsutum*	Zottiges Weidenröschen	5	8	3.521
Equisetum	*fluviatile*	Teich-Schachtelhalm	x	5	1.510
Eriophorum	*angustifolium*	Schmalblättriges Wollgras	4	2	1.700
Eriophorum	*gracile*	Schlankes Wollgras	4	2	1.712
Eriophorum	*scheuchzeri*	Scheuchzers Wollgras	4	2	1.731
Glyceria	*declinata*	Blaugrüner Schwaden	6	5	3.811
Glyceria	*fluitans*	Flutender Schwaden	x	7	1.513
Glyceria	*maxima*	Großer Wasser-Schwaden	8	9	1.511
Glyceria	*nemoralis*	Hain-Schwaden	8	7	1.513
Glyceria	*plicata*	Gefalteter Wasser-Schwaden	8	8	1.513
Gratiola	*linifolia*	Leinblättriges Gnadenkraut	6	6	5.413
Gratiola	*officinalis*	Gottes-Gnadenkraut	7	4	5.413
Groenlandia	*densa*	Dichtblättriges Laichkraut	8	5	1.313
Hippuris	*vulgaris*	Tannenwedel	8	x	1.511
Hottonia	*palustris*	Europäische Wasserfeder	5	4	1.312
Hydrilla	*verticillata*	Grundnessel	9	3	1.310
Hydrocharis	*morsus-ranae*	Europäischer Froschbiss	7	6	1.111
Hydrocotyle	*vulgaris*	Gewöhnlicher Wassernabel	3	2	1.710
Hypericum	*undulatum*	Gewelltes Johanniskraut	7	5	5.412
Iris	*pseudacorus*	Sumpf-Schwertlilie	x	7	1.510
Isolepis	*fluitans*	Flut-Moorbinse	3	2	1.414
Juncus	*acutiflorus*	Spitzblütige Binse	5	3	5.414
Juncus	*bulbosus*	Zwiebel-Binse	5	2	1.410
Juncus	*inflexus*	Blaugrüne Binse	8	4	3.811
Leersia	*oryzoides*	Europäische Reisquecke	8	8	1.513
Lemna	*gibba*	Bucklige Wasserlinse	8	8	1.111
Lemna	*minor*	Kleine Wasserlinse	x	6	1.111
Lemna	*trisulca*	Dreifurchige Wasserlinse	7	5	1.111
Littorella	*uniflora*	Europäischer Strandling	7	2	1.410
Lobelia	*dortmanna*	Wasser-Lobelie	5	1	1.416
Luronium	*natans*	Froschkraut	5	3	1.400

Tab. 18. (Fortsetzung)

Gattung	Art	Deutscher Name	R	N	SOZ
Lycopus	*europaeus*	Ufer-Wolfstrapp	7	7	1.500
Lycopus	*exaltatus*	Hoher Wolfstrapp	8	8	8.112
Lysimachia	*nummularia*	Pfennigkraut	x	x	x
Lysimachia	*thyrsiflora*	Straußblütiger Gilbweiderich	x	4	1.514
Lythrum	*junceum*	Binsen-Weiderich	5	3	5.414
Lythrum	*salicaria*	Blut-Weiderich	6	x	5.412
Marsilea	*quadrifolia*	Vierblättriger Kleefarn	7	6	1.417
Mentha	*aquatica*	Wasser-Minze	7	5	1.510
Menyanthes	*trifoliata*	Fieberklee	x	3	1.700
Mimulus	*guttatus*	Gewöhnliche Gauklerblume	x	6	1.611
Montia	*fontana ssp. chondrosperma*	Quellkraut	3	4	3.111
Myosotis	*palustris*	Sumpf-Vergissmeinnicht	x	5	5.415
Myosotis	*rehsteineri*	Bodensee-Vergissmeinnicht	9	2	1.415
Myriophyllum	*alterniflorum*	Wechselblütiges Tausendblatt	6	3	1.410
Myriophyllum	*spicatum*	Ähriges Tausendblatt	9	7	1.310
Myriophyllum	*verticillatum*	Quirliges Tausendblatt	7	8	1.312
Najas	*flexilis*	Biegsames Nixkraut	8	5	1.311
Najas	*intermedia*	Mittleres Nixkraut	9	4	1.311
Najas	*marina*	Großes Nixkraut	9	6	1.311
Najas	*minor*	Kleines Nixkraut	8	4	1.311
Nasturtium	*officinale*	Echte Brunnenkresse	7	7	1.513
Nuphar	*lutea*	Gelbe Teichrose	7	6	1.312
Nuphar	*pumila*	Kleine Teichrose	4	2	1.312
Nymphaea	*alba*	Weiße Seerose	7	5	1.312
Nymphaea	*candida*	Glänzende Seerose	4	4	1.312
Nymphoides	*peltata*	Seekanne	8	7	1.312
Oenanthe	*aquatica*	Großer Wasserfenchel	7	6	1.511
Oenanthe	*conioides*	Schierlings-Wasserfenchel	7	8	1.511
Oenanthe	*fistulosa*	Röhriger Wasserfenchel	8	5	1.514
Oenanthe	*fluviatilis*	Flutender Wasserfenchel	8	7	1.313
Persicaria	*amphibia*	Wasser-Knöterich	6	4	1.312
Phragmites	*australis*	Gewöhnliches Schilfrohr	7	7	1.511
Pilularia	*globulifera*	Gewöhnlicher Pillenfarn	4	2	1.414
Potamogeton	*acutifolius*	Spitzblättriges Laichkraut	5	6	1.311
Potamogeton	*alpinus*	Alpen-Laichkraut	6	6	1.311
Potamogeton	× *angustifolius*	Schmalblättriges Laichkraut	7	5	1.311
Potamogeton	*berchtoldii*	Kleines Laichkraut	7	5	1.310
Potamogeton	*coloratus*	Gefärbtes Laichkraut	8	8	1.311
Potamogeton	*compressus*	Flachstängeliges Laichkraut	8	4	1.311

Tab. 18. (Fortsetzung)

Gattung	Art	Deutscher Name	R	N	SOZ
Potamogeton	*crispus*	Krauses Laichkraut	7	5	1.310
Potamogeton	*filiformis*	Faden-Laichkraut	4	3	1.311
Potamogeton	*friesii*	Stachelspitziges Laichkraut	7	6	1.310
Potamogeton	*gramineus*	Grasartiges Laichkraut	5	5	1.311
Potamogeton	*helveticus*	Schweizer Laichkraut	8	7	1.313
Potamogeton	*lucens*	Glänzendes Laichkraut	6	7	1.310
Potamogeton	*natans*	Schwimmendes Laichkraut	7	5	1.312
Potamogeton	× *nitens*	Schimmerndes Laichkraut	7	5	1.311
Potamogeton	*nodosus*	Knoten-Laichkraut	8	5	1.313
Potamogeton	*obtusifolius*	Stumpfblättriges Laichkraut	6	6	1.311
Potamogeton	*pectinatus*	Kamm-Laichkraut	8	8	1.311
Potamogeton	*perfoliatus*	Durchwachsenes Laichkraut	7	6	1.311
Potamogeton	*polygonifolius*	Knöterich-Laichkraut	3	2	1.400
Potamogeton	*praelongus*	Langblättriges Laichkraut	8	4	1.311
Potamogeton	*pusillus agg.*	Zwerg-Laichkraut	6	x	1.310
Potamogeton	*rutilus*	Rötliches Laichkraut	8	5	1.311
Potamogeton	*trichoides*	Haarblättriges Laichkraut	5	4	1.311
Potentilla	*palustris*	Sumpf-Fingerkraut	3	2	1.712
Ranunculus	*aquatilis agg.*	Gewöhnlicher Hahnenfuß	6	6	1.312
Ranunculus	*baudotii*	Brackwasser-Hahnenfuß	9	7	2.211
Ranunculus	*circinatus*	Spreizender Wasser-Hahnenfuß	7	8	1.312
Ranunculus	*flammula*	Brennender Hahnenfuß	8	2	1.415
Ranunculus	*fluitans*	Flutender Wasser-Hahnenfuß	x	8	1.313
Ranunculus	*hederaceus*	Efeu-Wasser-Hahnenfuß	3	x	1.611
Ranunculus	*lingua*	Zungen-Hahnenfuß	6	7	1.511
Ranunculus	*ololeucos*	Reinweißer Wasser-Hahnenfuß	x	3	1.400
Ranunculus	*peltatus*	Schild-Wasser-Hahnenfuß	5	6	1.312
Ranunculus	*penicillatus*	Pinsel-Wasser-Hahnenfuß	7	x	1.313
Ranunculus	*trichophyllus*	Haarblättriger Wasser-Hahnenfuß	8	7	1.310
Ranunculus	*trichophyllus* ssp. *lutulentus*	Haarblättriger Wasser-Hahnenfuß	8	3	1.413
Ranunculus	*tripartitus*	Dreiteiliger Wasser-Hahnenfuß	6	3	1.312
Rorippa	*amphibia*	Wasser-Sumpfkresse	7	8	1.511
Rorippa	*anceps*	Niederliegende Sumpfkresse	9	8	1.514
Rumex	*hydrolapathum*	Fluss-Ampfer	7	7	1.510
Ruppia	*cirrhosa*	Schraubige Salde	8	?	2.211
Ruppia	*maritima*	Strand-Salde	8	?	2.211

Tab. 18. (Fortsetzung)

Gattung	Art	Deutscher Name	R	N	SOZ
Sagittaria	*sagittifolia*	Gewöhnliches Pfeilkraut	7	6	1.511
Salvinia	*natans*	Gewöhnlicher Schwimmfarn	7	7	1.111
Schoenoplectus	× *carinatus*	Gekielte Teichbinse	7	7	1.512
Schoenoplectus	*lacustris*	Flechtbinse	7	6	1.511
Schoenoplectus	*mucronatus*	Stachelspitzige Teichbinse	7	8	1.500
Schoenoplectus	*pungens*	Amerikanische Teichbinse	7	7	1.512
Schoenoplectus	*tabernaemontani*	Salz-Teichbinse	9	6	1.512
Schoenoplectus	*triqueter*	Dreikantige Teichbinse	7	7	1.512
Scrophularia	*auriculata*	Wasser-Braunwurz	6	7	3.521
Scrophularia	*umbrosa*	Geflügelte Braunwurz	8	7	3.521
Sium	*latifolium*	Großer Merk	7	7	1.511
Sparganium	*angustifolium*	Schmalblättriger Igelkolben	3	1	1.400
Sparganium	*emersum*	Einfacher Igelkolben	6	7	1.511
Sparganium	*erectum*	Ästiger Igelkolben	7	7	1.511
Sparganium	*natans*	Zwerg-Igelkolben	5	3	1.111
Spirodela	*polyrhiza*	Vielwurzelige Teichlinse	6	6	1.111
Stratiotes	*aloides*	Krebsschere	8	6	1.111
Subularia	*aquatica*	Pfriemenkresse	2	1	1.413
Thelypteris	*palustris*	Gewöhnlicher Sumpffarn	5	6	8.211
Trapa	*natans*	Gewöhnliche Wassernuss	6	8	1.312
Typha	*angustifolia*	Schmalblättriger Rohrkolben	7	7	1.511
Typha	*latifolia*	Breitblättriger Rohrkolben	7	8	1.511
Typha	*minima*	Zwerg-Rohrkolben	8	2	1.722
Typha	*shuttleworthii*	Shuttleworths Rohrkolben	8	3	1.722
Utricularia	*australis*	Südlicher Wasserschlauch	5	3	1.312
Utricularia	*bremii*	Bremis Wasserschlauch	3	2	1.211
Utricularia	*intermedia*	Mittlerer Wasserschlauch	8	1	1.211
Utricularia	*minor*	Kleiner Wasserschlauch	6	2	1.211
Utricularia	*ochroleuca*	Blassgelber Wasserschlauch	3	1	1.211
Utricularia	*vulgaris*	Gewöhnlicher Wasserschlauch	5	4	1.111
Vallisneria	*spiralis*	Gewöhnliche Wasserschraube	7	7	1.310
Veronica	*beccabunga*	Bachbunge	7	6	1.513
Veronica	*catenata*	Bleicher Gauchheil-Ehrenpreis	5	4	5.414
Wolffia	*arrhiza*	Wurzellose Zwergwasserlinse	7	6	1.111
Zannichellia	*palustris*	Teichfaden	8	8	2.211
Zostera	*marina*	Gewöhnliches Seegras	7	6	2.211
Zostera	*noltii*	Zwerg-Seegras	7	5	2.211

Nymphaea-Hybriden gibt es inzwischen in Hunderten von Sorten und vielen Blütenfarben.

Tab. 19. Auswahl nach Pflanzensoziologie (nach Ellenberg et al. 1992, verändert)

Gattung	Art	Deutscher Name	R	N	SOZ
Potamogeton	*lucens*	Glänzendes Laichkraut	6	7	1.310
Myriophyllum	*spicatum*	Ähriges Tausendblatt	9	7	1.310
~~*Potamogeton*~~	~~*polygonifolius*~~	~~Knöterich-Laichkraut~~	3	2	~~1.400~~
~~*Myriophyllum*~~	~~*alterniflorum*~~	~~Wechselblütiges Tausendblatt~~	~~6~~	~~3~~	~~1.410~~
Alisma	*plantago-aquatica*	Gewöhnlicher Froschlöffel	x	8	1.500
Iris	*pseudacorus*	Sumpf-Schwertlilie	x	7	1.510
Alisma	*lanceolatum*	Lanzettblättriger Froschlöffel	7	5	1.510
Butomus	*umbellatus*	Schwanenblume	x	7	1.511
Hippuris	*vulgaris*	Tannenwedel	8	x	1.511
Phragmites	*australis*	Gewöhnliches Schilfrohr	7	7	1.511

Tab. 20. Suche nach weiteren Arten derselben Assoziationen (nach Ellenberg et al. 1992, verändert)

Pflanzengesellschaft 1.310

Gattung	Art	R	N	SOZ
Alisma	*gramineum*	7	4	1.310
Callitriche	*autumnalis*	4	3	1.310
Ceratophyllum	*demersum*	8	8	1.310
Ceratophyllum	*submersum*	8	7	1.310
Hydrilla	*verticillata*	9	3	1.310
Myriophyllum	*spicatum*	9	7	1.310

Tab. 20. (Fortsetzung)				
Potamogeton	*crispus*	7	5	1.310
Potamogeton	*friesii*	7	6	1.310
Potamogeton	*lucens*	6	7	1.310
Potamogeton	*pusillus agg.*	6	x	1.310
Potamogeton	*berchtoldii*	7	5	1.310
Ranunculus	*trichophyllus*	8	7	1.310
Vallisneria	*spiralis*	7	7	1.310
Pflanzengesellschaft 1.500 und 1.510				
Gattung	**Art**	**R**	**N**	**SOZ**
Alisma	*plantago-aquatica*	x	8	1.500
Lycopus	*europaeus*	7	7	1.500
Schoenoplectus	*mucronatus*	7	8	1.500
Alisma	*lanceolatum*	7	5	1.510
Acorus	*calamus*	7	7	1.510
Carex	*pseudocyperus*	6	5	1.510
Eleocharis	*palustris*	x	?	1.510
Equisetum	*fluviatile*	x	5	1.510
Iris	*pseudacorus*	x	7	1.510
Mentha	*aquatica*	7	5	1.510
Rumex	*hydrolapathum*	7	7	1.510
Pflanzengesellschaft 1.511				
Gattung	**Art**	**R**	**N**	**SOZ**
Butomus	*umbellatus*	x	7	1.511
Caldesia	*parnassifolia*	8	7	1.511
Calla	*palustris*	6	4	1.511
Cladium	*mariscus*	9	3	1.511
Glyceria	*maxima*	8	9	1.511
Hippuris	*vulgaris*	8	x	1.511
Oenanthe	*aquatica*	7	6	1.511
Oenanthe	*coniodes*	7	8	1.511
Phragmites	*australis*	7	7	1.511
Ranunculus	*lingua*	6	7	1.511
Rorippa	*amphibia*	7	8	1.511
Sagittaria	*sagittifolia*	7	6	1.511
Schoenoplectus	*lacustris*	7	6	1.511
Sium	*latifolium*	7	7	1.511
Sparganium	*emersum*	6	7	1.511
Sparganium	*erectum-ramosum*	7	7	1.511
Typha	*angustifolia*	7	7	1.511
Typha	*latifolia*	7	8	1.511

Substrate und Dichtungsmaterialien

Neben der planerischen Gestaltung einer Schwimmteichanlage bestimmen die Abdichtung und die Substrate nicht nur den äußeren Aspekt, sondern auch in vielerlei Hinsicht die Funktionstüchtigkeit eines Schwimmteiches.

Pflanzsubstrate

Auf dem Markt gibt es verschiedene Pflanzsubstrate für Gartenteiche, neuerdings auch speziell für Schwimmteiche. Hier muss bei der Kaufentscheidung abgewogen werden, ob der Preis in einem richtigen Verhältnis zum Effekt, also dem erwünschtem Pflanzenwachstum, steht. Ganz besonders ist darauf zu achten, dass das Produkt garantiert phosphatfrei ist (Produktbeschreibung, Händlergarantie), denn mit der vermeintlichen Spezialerde könnten große Mengen Phosphate in den Teich gelangen.

Es reicht also beispielsweise nicht aus, wenn ein Produkt mit „reich an allen wichtigen Nährsalzen" beschrieben wird. Dies kann durchaus Phosphate enthalten, denn handelt es sich doch zweifellos um ein wichtiges Nährsalz für die Pflanzen. In dieser „verdeckten" Form darf es jedoch keinesfalls in den Lebensraum Schwimmteich gelangen, denn die Folgen, wie unkontrolliertes Algenwachstum, sind möglicherweise schwer in den Griff zu bekommen.

Am besten geeignet sind Pflanzsubstrate von Schwimmteichbauern, die ihre Mischungen seit vielen Jahren erfolgreich bei eigenen Projekten einsetzen.

Filtersubstrate

Für das Zurückhalten von unerwünschten Stoffen in Filtern oder gar im Bodensubstrat werden verschiedene Lösungen angeboten. Zum einen beruht die mineralische Wasserreinigung im Schwimmteichfilter auf der Ionenaustauschkapazität spezieller Mineralien. Doch ist das, was unter Laborbedingungen gut funktioniert, nicht unbedingt auf die Wasserreinigung im Schwimmteich zu übertragen. Denn hier sind die kleinräumig unter Umständen stark wechselnden Bedingungen, zum Beispiel An- oder Abwesenheit von Sauerstoff im Bodensubstrat oder schwankender pH-Wert, nur schwer zu steuern. Auch hat die Aktivität von Pflanzen, und da vor allem die der Bakterien, einen erheblichen Einfluss auf die biochemischen Reaktionen im Bodenkörper. Aus diesem Grunde ist es ratsam, wenn auf mineralische Reinigung von im Wasser gelösten Stoffen gesetzt wird, dies in definierten Filterkörpern vorzunehmen. Die Substrate müssen sich austauschen und der Filterkörper muss sich durch Rückspülen reinigen lassen. Eine Phosphateliminierung durch den Filter ist dann ungenügend, wenn eines Tages der überlastete Filter oder die veränderten biochemischen Verhältnisse die gesamte Phosphorfracht mit einem Schlag wieder in den Wasserkörper entlassen. Diese Gefahr besteht besonders nach dem erneuten Anlaufen von Filteranlagen im Frühjahr.

Im günstigsten Fall funktioniert ein Filtermaterial sowohl als Träger des Biofilms als auch zur Absorption der von den Mikroorganismen zerlegten Stoffe (siehe Abb. 10).

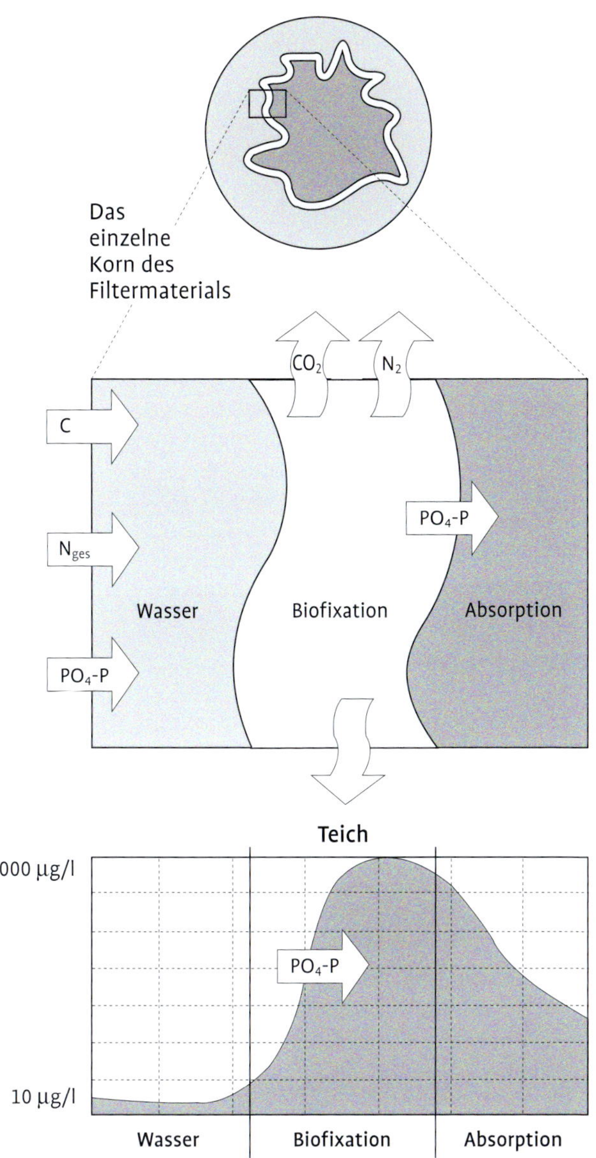

Abb. 10.
Schritte der Stoffumwandlung: 1. Biofixation: Mikroben nehmen Stoffe, wie Kohlenstoff (C), Stickstoff (N) und Phosphat-Phosphor (PO_4-P), auf. 2. Veratmung: Mikroben veratmen Kohlendioxid (CO_2) und gasförmigen Stickstoff (N_2). 3. Absorption: Die Phosphorkonzentration steigt im Bereich der Biofixation durch Stoffaufnahme der Mikroben auf den 200fachen Wert gegenüber der Konzentration im Teichwasser an. Nun wirken die Absorptionsprozesse auf das Mineral. Die Phosphate werden dem System dauerhaft entzogen. Quelle: BELLvital.

Modellrechnung zur Filterdimensionierung

Entscheidend beim Filterbau ist, dass die Korngröße des Filtermaterials nicht zu klein gewählt wird. Am geeignetsten sind Grobsande und Feinkiese, wenn man die zu filternde Wassermenge entsprechend wählt. Bei gröberer Körnung bekommt man das Wasser zwar leichter durch die Filterpassage, unter Umständen aber mit reduzierter Reinigungsleistung. Nach Empfehlungen der FLL (2003) sollte die Wassermenge durchschnittlich nicht mehr als 50 l/m^2 Filterfläche und Tag betragen. Das bedeutete, dass für ein Teichvolumen von 100 m^3 ein 2000 m^2 Bodenfilter vorhanden sein müsste, wenn man das Ziel hätte, die gesamte Wassermenge des Schwimmteiches an einem Tag durch den Filter zu schicken. Dies ist jedoch nicht nötig, denn die abzufilternde Fracht ist im Schwimmteichwasser äußert gering. So kann ein solcher Filter, ebenfalls nach Angaben der FLL, zwischen 150 und 500 mg/m^2 und Tag an Phosphor fixieren.

Nehmen wir beispielsweise an, dass unser Schwimmteichwasser mit einem Wert von 0,02 mg/l Phosphor einen doppelt so hohen Wert hat wie wünschenswert. Das ergibt eine Phosphorfracht von 0,01 mg/l × 100 000 l Fassungsvolumen des Teiches, also 1000 mg Phosphor im System. Nehmen wir weiter an, unser Bodenfilter leistet eine Fixierung von 200 mg/m^2 am Tag. So brauchen wir nur noch 1000 durch 200 zu teilen und erhalten als Fläche für den Bodenfilter 5 m^2. Wiederum haben wir stillschweigend vorausgesetzt, dass das gesamte Teichwasser an einem Tag den Filter passiert hat. Sollte dies nicht der Fall sein, brauchen wir beispielsweise 5 Tage für die Gesamtpassage des Wassers, wenn unser Bodenfilter 1 m^2 groß ist. Diese Modellrechnungen sind natürlich rein theoretisch, liefern aber wichtige Kenngrößen zur tatsächlichen Dimensionierung eines Filters.

Anbindung der Foliendichtung an Wege und Bauwerke

Soll der Wasserspiegel, ob vom Pflanzen- oder Badeteil, an eine Terrasse oder einen gepflasterten Weg grenzen, muss das Dichtungsmaterial landseits fest mit der Pflasterung verbunden werden. Hierfür gibt es, je nach gewähltem Dichtungsmaterial, drei technische Lösungen.

Zum einen werden Klemmschienen angeboten, die landseits gegen das dortige Material (Holzbalken, Bandfundament, gegossener Ringanker) verschraubt werden und wasserseits die Folienkante in einer Klemmleiste aufnehmen.

Besser sind beschichtete Kunststoff- oder Aluminiumprofile, die werkseitig mit der gewählten Abdichtungsfolie beschichtet sind. So lässt sich die Dichtungsbahn problemlos an das Profil anschweißen bzw. kleben. Das Profil selbst wird gegen das Trägermaterial (in der Regel Beton) mit einem Spezialsilikon abgedichtet. Sollte der Befestigungsgrund der Schiene selbst wasserdicht sein, kann nun oberhalb des hier wasserdicht befestigten Folienrandes mit den Materialeigenschaften des Betons das Ufer gestaltet werden. Zum Beispiel lassen sich so Felsen in ein Betonbett einfügen. Ohne den beschriebenen wasserdichten Übergang von Folie zu Beton sind große Steine aufgrund ihrer unregelmäßigen Form und Härte nicht wasserdicht mit Dichtungsfolie zu verbinden.

Für Folien aus Polyethylen gibt es flexible Schienen aus demselben Material, die landseits in ein Betonfundament oder einen Ringanker eingebettet werden. Ist der Beton (WU C 25/30) abgebunden, kann die PE-Folie gegen den wasserseits freien Teil der PE-Schiene angeschweißt werden.

Diese Lösung erlaubt es, im Bereich des Wasserspiegels Natur- oder Kunststeine auf eine vorbereitete Betonkante zu setzen, ohne dass diese mit der Dichtungsfolie in Berührung kommen. Dazu ist es wichtig, dass der Beton-Ringanker, etwa 30 bis 50 cm unter die Wasseroberfläche reicht und durch entsprechende chemische Zusätze beim Abbinden wasserdicht gemacht wird. Die PE-Schiene wird deutlich unter dem Wasserspiegel, am besten am unteren Ende des Beton-Ringankers eingesetzt. Dort endet entsprechend auch die angeschweißte Folie. Wenn darüber das Betonelement einen Versatz nach außen aufweist, können Kunst- oder Natursteine im Bereich des Wasserspiegels fachgerecht als wasserseitige Verblendungen des Betons aufgesetzt werden. Auf diese Weise lässt sich zum Beispiel der Aspekt eines gebauten

Granitbeckens nachbilden, obwohl tatsächlich nur die obersten 50 cm des Ufers mit Platten dieses Materials wasserdicht verkleidet sind.

Klemmschienen bzw. PE-Schienen kommen auch dort in der oben beschriebenen Weise zum Einsatz, wo ein Stegfundament direkt an das Wasser angrenzt.

Abdichtung mit GFK

Eine weitere Möglichkeit zur Abdichtung von Schwimmteichen ist die Nutzung von Glasfaserverstärkten Kunststoffen (GFK). Dabei werden auf verdichteten Baugrund (Schotter), 10 cm Beton (C 8/10 oder C 12/15) oder Betonsteinmauerwerk zwei Schichten Glasfasermatten ausgelegt, die mit einem Gemisch aus Polyesterharz und etwa 2 % Härter getränkt sind.

Die etwa 70 × 70 cm großen Matten werden, vom Rand beginnend, mit einem Versatz von etwa 3 cm verlegt und nochmals mit Fertigmischung bestrichen. Ein Metallroller hilft beim Verdrängen eventuell auftretender Luftblasen. Gleich anschließend wird die dritte Lage Glasfaser versetzt aufgelegt. Nach etwa zwei Stunden ist das Polyesterharz erhärtet, bei Wärme und Sonnenschein verläuft der Prozess noch etwas schneller.

Etwa drei Tage nach Fertigstellung des Laminats werden die Glasfasermatten mit Polyesterharz und Härter versiegelt. Diesem Anstrich folgt meist noch ein Farbanstrich.

Ein großer Vorteil der GFK-Bauweise ist eine etwa 8 mm starke, sehr stabile Wanne, die sich perfekt in jede Form einfügt. Passagen für Rohre sind bei diesem Verfahren kein Problem. Diese Dichtungsbauweise ist zwar teurer als Folienbau und kann nur von Spezialfirmen durchgeführt werden, sie bietet aber ein sehr stabiles Bauwerk. Wer eine umweltfreundlichere Variante als mit dem lösungsmittelhaltigen Polyesterharz wählen möchte, verwendet stattdessen das lösungsmittelfreie, allerdings auch deutlich teurere Epoxidharz.

Die Verarbeitung von Folienbahnen aus Polyoleofinen erfordert mehr handwerkliches Geschick als bei PVC-Folie.

Empfehlungen zum Badebetrieb

Schwimmteiche sind Bademöglichkeiten, die den Badenden naturnahes Badewasser in entsprechender Qualität zur Verfügung stellen, sodass ein Gesundheitsrisiko ausgeschlossen werden kann. Damit der Schwimmteich gut funktioniert und jederzeit Badewasser in gewünschter Qualität bereit steht, sind seitens der Badenden einige einfache Regeln zu beachten:

- Vor dem Baden im Schwimmteich sollte immer geduscht werden. Dadurch wird dem Eintrag von Creme, Schweiß und darin enthaltenen Nährstoffen sowie Bakterien vorgebeugt.
- In den frisch bepflanzten Schwimmteich darf in den ersten Wochen noch nicht hineingesprungen werden. Dadurch verursachte Wellen könnten die Pflanzen beim Wurzeln behindern und auch Wassertrübungen erzeugen.
- Der Reinigungsteil ist für die Pflanzen reserviert! Diese sorgen im System für Sauerstoffproduktion und Nährstoffentzug. Damit sie diese wichtigen Funktionen auch erfüllen können, sollten sie ungestört wachsen und gedeihen dürfen. Betreten und Schwimmen im Pflanzenteil muss also unterblei-

ben und auch Luftmatratzen oder aufblasbare Gummitiere sollten draußen bleiben.

- Es ist ratsam, keinerlei Haustiere in oder an das Wasser zu lassen. Gerade Hunde könnten die Pflanzen beschädigen und unerwünschte Schmutzfrachten in das Wasser eintragen. Sie sollten deshalb vom Schwimmteich und seiner Umgebung unbedingt ferngehalten werden.
- Fische haben im Schwimmteich nichts zu suchen! Sie könnten das Gleichgewicht des biologischen Systems in kürzester Zeit stark beeinträchtigen.
- Kinder sollten am Schwimmteich unter elterlicher Aufsicht stehen. Kinder, die noch nicht schwimmen können, sollten auch beim Spielen in Teichnähe aus Sicherheitsgründen Schwimmflügel tragen.
- Es empfiehlt sich, auch Besucher und Gäste über die Verhaltensregeln am Schwimmteich zu informieren.

Kinder sollten am Schwimmteich unter elterlicher Aufsicht stehen. Meistens lernen sie am eigenen Teich recht schnell schwimmen

Serviceteil

Bezugsquellen

Die folgenden Angaben für Bezugsquellen zu Planung und Bau von Schwimmteichen erheben keinen Anspruch auf Vollständigkeit. Es wird allerdings der Versuch unternommen, zu möglichst vielen im Buch angesprochenen Teilaspekten einen Anbieter bzw. eine Kontaktadresse zu liefern (Stand der Angaben: 01.01.2008).

Schwimmteich-Verbände

Deutsche Gesellschaft für naturnahe Badegewässer e.V.
Bei der Ratsmühle 14
D-21335 Lüneburg
Tel.: +49 7000 700 8787
Fax: +49 7000 700 8786
E-Mail: info@dgfnb.de
www.dgfnb.de

Verband Österreichischer Schwimmteichbauer
Aichbergstraße 48
A-4600 Wels
Tel.: +43 7242 66692
Fax: +43 7242 666924
E-Mail: verband.oe.schwimmteichbauer@gmx.at
www.schwimmteich.co.at

Schweizerischer Verband für naturnahe Badegewässer und Pflanzenkläranlagen
c/o Tscherrig Partner Engineering AG
Brückenmoosstraße 5
CH-3942 Raron
Tel.: +41 27 935 8811
Fax: +41 27 935 8815
E-Mail: info@svbp.org
www.svbp.org

Internationale Gesellschaft für naturnahe Badegewässer
Aichbergstraße 48
A-4600 Wels
Tel.: +43 7242 66692
Fax: +43 7242 666924
E-Mail: int.kleinbadeteiche@gmx.at
www.igb.cc

Schwimmteiche

Deutschland

Edelkamp GmbH
Lehrer-Köhne-Straße 17
D-26871 Papenburg
Tel.: +49 4961 922 50
Fax: +49 4955 936 572
E-Mail: edelkamp@schwimmnaturteiche.de
www.schwimmteiche-edelkamp.de

BELLvital
Bell Sell Produkte für Garten & Teich GmbH
Steinberger Landstraße 31
D-27299 Langwedel/Etelsen
Tel.: +49 4235 94090
Fax: +49 4235 94092
E-Mail: info@bellsell.de
www.bellsell.de

Niklas Sobotta
Rieder Straße 6
D-34305 Niedenstein
Tel.: +49 5603 6192
Fax: +49 5603 5752
E-Mail: sobotta@badeteiche-online.de
www.badeteiche-online.de

Fa. Teich & Garten
Carsten Schmidt
Bucherfelder Weg 1a
D-53560 Vettelschloss
Tel.: +49 2645 972078
Fax: +49 2645 972087
E-Mail: info@teichundgarten.de
www.teichundgarten.de

Fa. Fuchs baut Gärten
Fred Fuchs
Schlegldorf 91A
D-83661 Lenggries
Tel.: +49 8042 914540
Fax: +49 8042 9145422
E-Mail: info@fuchs-baut-gaerten.de
www.fuchs-baut-gaerten.de

Italien

Anja Werner,
Architettura del paesaggio
Loc. Lisignano
I-29010 Gazzola (PC)
Tel.: +39 0523 971049
Fax: +39 0523 971049
E-Mail: info@anjawerner.it
www.anjawerner.it

GART Gartenmanufaktur
Paul Luther
Leiterstraße 11
I-39012 Meran (BZ)
Tel.: +39 0473 443032
Fax: +39 0473 443272
E-Mail: info@luther.it
www.luther.it

Spanien

aguas vivas Arta C.B.
Peter Enge
Aptd. d. C. 151
E-07570 Artá – Mallorca
Tel.: +34 629 380948
Fax: +34 971 839039
E-Mail: aguas.vivas@jet.es
www.aguas-vivas.de

Österreich

Biotop Landschaftsgestaltung GmbH
Hauptstraße 285
A-3411 Klosterneuburg-Weidling
Tel.: +43 2243 30406
Fax: +43 2243 30406-22
E-Mail: office@swimming-teich.com
www.swimming-teich.com

Schwimmteichbau
Günther Matula
Ederamsberger Straße 34
A-4073 Wilhering
Tel.: +43 7226 2545-0
Fax: +43 7226 2545-20
E-Mail: office@matula.at
www.matula.at

Wassergärten R. Weixler KEG
Aichbergstraße 48
A-4600 Wels
Tel.: +43 7242 66692
Fax: +43 7242 6669-4
E-Mail: office@weixler.at
www.weixler.at

Kern Biotop & Garten
Mag. Angelika Kern
Einödhofweg 20
A-8042 Graz
Tel.: +43 3164 61651
Fax: +43 3164 616514
E-Mail: biotop-kern@netway.at

Portugal

Bio Piscinas, Lda
Claudia & Udo Schwarzer
Apartado 1020
P-8671-909 Aljezur
Tel.: +351 282 973363
Fax: +351 282 973365
E-Mail: pb@biopiscinas.pt
www.biopiscinas.pt

Schweiz

Dürig Gartenbau
Löwenberg 26
CH-3280 Murten
Tel.: +41 26 6701616
Fax: +41 26 6701555
E-Mail: info@duerig-gartenbau.ch
www.duerig-gartenbau.ch

Natura-Pool
Heinz Meier
Meier Gartenbau AG
Alte Landstraße 110
CH-8302 Kloten
Tel.: +41 814 3890
Fax: +41 814 3938
E-Mail: meiergala@natura-pool.ch
www.natura-pool.ch

Bauteile und Folien

Deutschland

re-natur GmbH
Charles-Ross-Weg 24
D-24601 Ruhwinkel
Tel.: +49 4323 90100
Fax: +49 4323 901033
E-Mail: info@re-natur.de
www.re-natur.de

Glenk Schwimmteichbedarf
Ralf Glenk
Wilhelmstraße 8
D-32602 Vlotho
Tel.: +49 5733 877555
Fax: +49 5733 877556
E-Mail: ralf.glenk@schwimmteich-selbstbau.de
www.schwimmteichbedarf.de

Veltmann GmbH
Rensing-Kamp 5
D-49811 Lingen
Tel.: +49 591 9010430
Fax: +49 591 9010431
E-Mail: info@veltmann.eu
www.veltmann.eu

Teich & Gründach Klute GmbH
Kirchstraße 6
D-56242 Marienrachdorf
Tel.: +49 2626 1424990
Fax: +49 2626 1424991
E-Mail: c.klute@teichabdichtung.com
www.teichabdichtung.com

Skimmer und Pumpen

Deutschland

re-natur GmbH
Charles-Ross-Weg 24
D-24601 Ruhwinkel
Tel.: +49 4323 90100
Fax: + 49 4323 901033
E-Mail: info@re-natur.de
www.re-natur.de

Messner GmbH & Co. KG
Gewerbegebiet Echternhagen 7
D-32689 Kalletal
Tel.: +49 5264 6400
Fax: +49 5264 640135
E-Mail: info@messner-pumpen.de
www.messner-pumpen.de

Heissner GmbH
Schlitzer Straße 24
D-36341 Lauterbach
Tel.: +49 6641 860
Fax: +49 6641 86299
E-Mail: info@heissner.de
www.heissner.de

OASE GmbH
Postfach 2069
D-48469 Hörstel
Servicetelefon: 01805-700755
www.oase-pumpen.com

ProGarden
Werner-von-Siemens-Straße 19
D-49124 Georgsmarienhütte
Tel.: +49 5401 480567
E-Mail: bau@aquatekten.de
www.pro-garden.de

HELD GmbH
Gottlieb-Daimler-Straße 5–7
D-75050 Gemmingen
Tel.: +49 7267 91260
Fax: +49 7267 606
E-Mail: info@held-teichsysteme.de
www.held-teichsysteme.de

Hierner Pumpen GmbH
Trausnitzstraße 8
D-81671 München
Tel.: +49 89 4506410
Fax: +49 89 402574
E-Mail: hierner@hierner.de
www.hierner.de

Österreich

Biotop Landschaftsgestaltung
Gesellschaft m.b.H.
Hauptstraße 285
A-2311 Weidling/Klosterneuburg
Tel.: +43 2243 30406
Fax: +43 2243 30406-22
E-Mail: office@swimming-teich.com
www.swimming-teich.com

Pflanzen

Deutschland

Jörg Petrowsky
Sumpf- und Wasserpflanzen
Aschauteiche
D-29348 Eschede
Tel.: +49 5142 803
Fax: +49 5142 4030
E-Mail: petrowsky-wasserpflanzen@
t-online.de
www.schwimmteichpflanzen.de

Österreich

Wassergärten R. Weixler KEG
Aichbergstraße 48
A-4600 Wels
Tel.: +43 7242 66692
Fax: +43 7242 66692-4
E-Mail: office@weixler.at
www.weixler.at

Kern Biotop & Garten
Mag. Angelika Kern
Einödhofweg 20
A-8042 Graz
Tel.: +43 3164 61651
Fax: +43 3164 616514
E-Mail: biotop-kern@netway.at
www.biotop-kern.at

Wasseranalysen

Deutschland

Lavaris Lake GmbH
Postfach 15 46
D-95014 Hof
Tel.: +49 7000 5282747
Fax: +49 7000 5282748
E-Mail: info@lavaris-lake.de
www.lavaris-lake.de

Literaturverzeichnis

BAUR, W.H. (1998): Gewässergüte bestimmen und beurteilen. 3. Auflage, Parey Buchverlag, Berlin.

Bayerisches Landesamt für Wasserwirtschaft (2005, Hrsg.): Bewertungsverfahren Makrophyten & Phytobenthos – Fließgewässer- und Seenbewertung in Deutschland nach EG-WRRL. Informationsbericht 1/05, München.

DENNY, P. und D.C. WEEKS (1968): Electrochemical potential gradients of ions in an aquatic angiosperm, *Potamogeton schweinfurthii* (BENN.). New Phytologist 67 (4), 875–882.

DIN – Deutsches Institut für Normung e.V.: DIN 53160, Bestimmung der Farbechtheit für Artikel des täglichen Gebrauchs. Beuth Verlag GmbH, Berlin.

DIN – Deutsches Institut für Normung e.V.: DIN VDE 0100 Teil 702, Errichten von Niederspannungsanlagen – Anforderungen für Betriebsstätten, Räume und Anlagen besonderer Art, Teil 702: Becken von Schwimmbädern und andere Becken (11/2003). Beuth Verlag GmbH, Berlin.

DIN – Deutsches Institut für Normung e.V.: DIN VDE 0100 Teil 737, Errichten von Niederspannungsanlagen – Anforderungen für Betriebsstätten, Räume und Anlagen besonderer Art – Teil 737, Beuth Verlag GmbH, Berlin.

ELLENBERG, H., WEBER, H.E., DÜLL, R., WIRTH, V., WERNER, W. und D. PAULISSEN (1992): Zeigerwerte von Pflanzen in Mitteleuropa, Scripta Geobotanica, Hrsg.: Lehrstuhl für Geobotanik der Universität Göttingen, Verlag Erich Goltze KG, Göttingen.

FLL – Forschungsgesellschaft Landschaftsentwicklung Landschaftsbau e.V. (Hrsg., 2003): Empfehlungen für Bau und Instandhaltung von öffentlichen Schwimm- und Badeteichen, Bonn.

FLL – Forschungsgesellschaft Landschaftsentwicklung Landschaftsbau e.V. (Hrsg., 2005): Empfehlungen für Planung, Bau und Instandhaltung von Abdichtungssystemen für Gewässer im Garten-, Landschafts- und Sportplatzbau. Bonn.

FLL – Forschungsgesellschaft Landschaftsentwicklung Landschaftsbau e.V. (Hrsg., 2006): Empfehlungen für Bau und Instandhaltung von privaten Schwimm- und Badeteichen. Bonn.

FRANCK, L. (2005): Les baignades biologiques. Príncipes de fonctionnement et de construcion. Jardins et Decors Aquatiques, Gouvy.

GESSNER, F. (1955, 1959): Hydrobotanik. 2 Bände. Verlag der Wissenschaften, Berlin.

HAGEN, P. (1994): Teichbau und Teichtechnik. Verlag Eugen Ulmer, Stuttgart.

JAKSCH, H. (2006): Schwimmteich? Kein Problem! Österreichischer Agrarverlag, Wien.

KESSELMANN, C. (1995): Aquarienpflanzen. Verlag Eugen Ulmer, Stuttgart.

KLEE, O. (1998): Wasser untersuchen – Einfache Analysemethoden und Beurteilungskriterien. Biologische Arbeitsbücher, Verlag Quelle & Meyer, Wiesbaden.

KOHLER, A. (1978): Wasserpflanzen als Bioindikatoren. Beih. Veröff. Naturschutz Landschaftspflege Baden-Württemberg 11, 259–281.

LITTLEWOOD, M. (2005): Natural swimming pools. Inspiration for harmony with nature, Schiffer Publishing, Atglen.

LÖBER, M. (2006): Rebellion im Grünen. Zeitschrift EDEN – Das Magazin für Gartengestaltung 3, 30–34.

MAHABADI, M. und I.M. ROHLFING (2005): Schwimm- und Badeteichanlagen – Planungs- und Baugrundsätze. Verlag Eugen Ulmer, Stuttgart.

MELLENTHIN, H. VON (2007): Reinigen, reparieren und Resistenz erhöhen – Tipps zur Pflege von Holzbauteilen am Schwimmteich. Der Schwimmteich 3, 32–33.

MELZER, A. (1985): Indikatorwert und Ökologie makrophytischer Wasserpflanzen in bayerischen Fließ- und Stillgewässern. Münchner Beiträge zur Abwasser-, Fischerei- und Flussbiologie 39, 407–430.

OBERDORFER, E., SCHWABE, A. und MÜLLER T. (2001): Pflanzensoziologische Exkursionsflora für Deutschland und angrenzende Gebiete. 8. Auflage, Verlag Eugen Ulmer, Stuttgart.

PRESTON, C.D. (1995): Pondweeds of Great Britain and Ireland. Botanical Society of the British Isles, London.

SCHWOERBEL, J. (1987): Einführung in die Limnologie. 6. Auflage, Gustav Fischer Verlag, Stuttgart.

STELZER, D. (2003): Makrophyten als Bioindikatoren zur leitbildbezogenen Seenbewertung – ein Beitrag zur Umsetzung der Wasserrahmenrichtlinie in Deutschland. Dissertation, TU München.

SZANKOWSKI, M. und KLOSOWSKI, S. (1999): Habitat conditions of nymphaeid associations in Poland. In: CAFFREY, J., BARRETT, P.R.F., FERREIRA, M.T., MOREIRA, I.S., MURPHY, K.J. und WADE, P.M. (Hrsg.): Developments in Hydrobiology – Biology, Ecology, and Management of Aquatic Plants. Kluwer Academic Publishers, Dordrecht, Netherlands, 177–185.

WEIXLER, R. (2004): Der Schwimmteich-Dschungel. Der Schwimmteich, Heft 3, 22–25.

WEIXLER, R. (2007): Freude mit dem eigenen Schwimmteich. Agrimedia, Bergen/Dumme.

WERNER, A. (2003): La piscina biologica e il giardino naturale. Editrice Il Campo, Bologna.

WHITE, X. (2006) im Interview: Neuland entdecken. Zeitschrift EDEN – Das Magazin für Gartengestaltung 4, 102–107.

WÖBSE, H.H. (2002): Landschaftsästhetik. Verlag Eugen Ulmer, Stuttgart.

Maßgebend für das Anwenden der DIN-Normen ist deren Fassung mit dem neuesten Ausgabedatum, erhältlich bei: Beuth Verlag GmbH, Burggrafenstraße 6, 10787 Berlin.

Bildquellen

Balans, Eric, Aljezur: Seite 42
Bellmann, Heiko, Lonsee: Seite 39
Biotop Landschaftsgestaltung, Weidling (Österreich): Titelmotiv
Fernandes Calvo, Rocìo, Gazzola: Seite 51 unten, 54
Firma re-natur, Ruhwinkel: Seite 23
Graber, Andreas, Wädenswil: Seite 75, 100 unten
Haberer, Martin, Nürtingen: Seite 116 rechts
Hecker, Frank, Panten-Hammer: Seite 7, 101
Kern, Angelika, Fa. Kern Biotop & Garten, Graz: Seite 69
Limbrunner, Alfred/Hecker, Frank, Panten-Hammer: Seite 68 oben
Luther, Paul, Fa. GART Gartenmanufaktur, Meran: Seite 106, 111
Mahabadi, Mehdi, Velbert: Seite 52
Mariano, João: Seite 62, 91, 92, 93, 94
Mester, E./Hecker, Frank, Panten-Hammer: Seite 68 unten
Pforr, Manfred, Langenpreising: Seite 6, 80
Meier, Heinz, Fa. Natura-Pool, Kloten: Seite 56
Morell, Eberhard, Dreieich: Seite 122
Oase Wübker GmbH & Co. GK, Hörstel: Seite 38 (Einklinker), 44
Redeleit, Wolfgang, Bienenbüttel: Seite 5, 8/9, 24/25 (Planung Christine Schaller, Zinsser-Uelzen)
Reinhard, Hans, Heiligkreuzsteinach: Seite 74, 76, 116 Mitte
Santos, Carlos, Amarante: Seite 65
Schwarzer, Claudia, Fa. Bio Piscinas, Aljezur: Seite 105
Schwarzer, Udo, Fa. Bio Piscinas, Aljezur: Seite 11, 12, 14, 15, 16, 19 oben und unten, 21, 22, 28, 33, 38 (großes Motiv), 40, 50 oben rechts, 51 oben, 58, 70, 87, 95 links, 97, 100 oben, 103, 108/109, 116 links, 127
Schmidt, Carsten, Fa. Teich & Garten, Vettelschloss: Seite 19 Mitte, 43, 50 oben links und unten, 53, 95 rechts, 98, 115, 128
Seidl, Sebastian, München: Seite 73
Vor- und Nachsatz: © TeichMeister

Die Zeichnungen fertigte Herr Siegfried Lokau, Bochum-Wattenscheid, nach Angaben der Autoren bzw. der angegebenen Quellen.

Dank

Danken möchten wir allen Kollegen aus verschiedenen Ländern Europas, die uns ohne Vorbehalte Einblicke in ihre Arbeit gewährt haben und uns in zahllosen Gesprächen Denkanstöße und Anregungen zu den verschiedensten Themen gegeben haben.
Alexandra Gil und Eric Balans, die die Leidenschaft für Schwimmteiche und Wasserpflanzen mit uns teilen, sind wir tief verbunden, weil ihre Wasserpflanzengärtnerei es uns seit Jahren ermöglicht, unsere Arbeit über die Ansprüche der Wasserpflanzen in die Praxis umzusetzen.
Unser Dank gilt allen Bildautoren, die uns ihr Fotomaterial zur Verfügung gestellt haben, insbesondere João Mariano. Ursula und Michael Harreß gilt unser herzlichster Dank, da sie uns in der wichtigsten Phase der Erarbeitung des Buches hervorragende Arbeitsbedingungen ermöglicht haben. Allen unseren Kunden danken wir für die Erlaubnis, ihre Schwimmteiche mit Haus und Garten fotografieren zu dürfen.
Auch Lena und Julian wollen wir nicht vergessen, die mit uns so viele Schwimmteiche besucht und bebadet haben und durch ihr interessiertes Fragen ein ständiges Reflektieren über Schwimmteiche in Gang setzten.

Claudia Schwarzer
Udo Schwarzer

Register

Fett gedruckte Seitenzahlen verweisen auf Fotos, Abbildungen oder Tabellen.